"十四五"职业教育国家规划教材

高等职业教育大数据技术与应用系列教材

U0289709

Python 语言及其应用

翁正秋　张雅洁　主　编

田启明　陈清华　副主编

电子工业出版社·
Publishing House of Electronics Industry
北京·BEIJING

内 容 简 介

Python 语言不仅语法优雅、清晰、简洁，而且具有大量的第三方函数模块，因此很适合初学者作为程序设计入门语言进行学习，对学科交叉应用也很有帮助。

本书介绍 Python 语言程序设计的基础知识。全书以 Python 作为实现工具，介绍程序设计的基本思想和方法，培养学生利用 Python 语言解决各类实际问题的开发能力。在编写过程中，以"项目案例"为驱动，辅以知识点的讲解，突出问题求解方法与思维能力训练。全书共 8 章，主要内容有认识 Python、函数、分支与循环、列表与元组、字符串与文件、字典与集合、正则表达式和 Python 数据挖掘与分析。

本书可作为高等职业院校计算机程序设计课程的教材，也可供社会各类工程技术与科研人员阅读参考。

图书在版编目（CIP）数据

Python 语言及其应用 / 翁正秋，张雅洁主编. —北京：电子工业出版社，2018.8

高等职业教育大数据技术与应用系列规划教材

ISBN 978-7-121-34721-4

Ⅰ．①P… Ⅱ．①翁… ②张… Ⅲ．①软件工具－程序设计－高等职业教育－教材 Ⅳ．①TP311.561

中国版本图书馆 CIP 数据核字（2018）第 155955 号

策划编辑：徐建军（xujj@phei.com.cn）
责任编辑：徐　萍
印　　刷：三河市兴达印务有限公司
装　　订：三河市兴达印务有限公司
出版发行：电子工业出版社
　　　　　北京市海淀区万寿路 173 信箱　邮编：100036
开　　本：787×1 092　1/16　印张：14.5　字数：371 千字
版　　次：2018 年 8 月第 1 版
印　　次：2025 年 1 月第 20 次印刷
定　　价：38.00 元

凡所购买电子工业出版社图书有缺损问题，请向购买书店调换。若书店售缺，请与本社发行部联系，联系及邮购电话：(010) 88254888，88258888。

质量投诉请发邮件至 zlts@phei.com.cn，盗版侵权举报请发邮件至 dbqq@phei.com.cn。

本书咨询联系方式：(010) 88254570。

前 言
Preface

Python 语言以优雅、清晰、简洁的设计哲学而闻名，它是一门易读、易维护、开源，并且受大量用户欢迎的、用途广泛的程序设计语言。随着大数据时代的飞速发展，Python 已经成为数据分析领域里事实上的最常用语言之一。

本教材的基本定位是，将 Python 作为大数据技术与应用专业的第一门程序设计语言，介绍 Python 语言程序设计的基础知识以及在大数据领域的应用。全书以 Python 作为实现工具，介绍程序设计的基本思想和方法，培养学生利用 Python 语言解决各类实际问题的开发能力。

作为一门程序设计的入门课程，本教材采用专题案例驱动的方式，教授 Python 语言的基础与应用，配以丰富的应用实例，将各章知识点有机融合贯穿，增强了教材的可操作性和可读性。实训内容既包含与 Python 语法规则相关的内容，也包含许多实际问题的程序设计，从而增强学生的学习兴趣，提高学生分析问题和解决问题的能力。

作为大数据技术与应用专业的入门语言教材，学时安排建议参考内容与学时安排表格。

内容与学时安排

序　　号	内　　容	建 议 学 时
1	第 1 章　认识 Python	6
2	第 2 章　函数	3
3	第 3 章　分支与循环	6
4	第 4 章　列表与元组	6
5	第 5 章　字符串与文件	6
6	第 6 章　字典与集合	6
7	第 7 章　正则表达式	3
8	第 8 章　Python 数据挖掘与分析	6
9	Python 综合实训	6
10	合计	48

此外，本教材以课程组开发的"猜字游戏"为主线进行编写，每一章都包含案例、知识梳理、小结与习题、课外拓展、实训五大部分。

本书所有代码均在 Python 3.6 中测试通过，书中代码运行的 IDE 为 Pycharm，它由著名的 JetBrains 公司开发，带有一整套可以帮助用户在使用 Python 语言开发时提高效率的工具，比如调试、语法高亮、Project 管理、代码跳转、智能提示、自动完成、单元测试、版本控制等功能。

另外，为规范教师教学，我们将制作并提供相关辅助教学资源，如光盘或网站资源。辅助教学资源包括能够满足"一体化"教学的课程教学大纲、实训考核大纲和教学课件，建立能够让学生自主学习、自主测试的试题库、技能测试题库和教学视频等，同时提供习题与实训的参考答案。

本书由温州职业技术学院信息技术系大数据技术与应用教研团队组织策划，由翁正秋、张雅洁担任主编，由田启明、陈清华担任副主编。其中，第 1～3、8 章由翁正秋编写，第 4、6 章由张雅洁编写，第 5 章由陈清华编写，第 7 章由田启明编写，全书由翁正秋统稿。此外，参与部分编写工作的还有龚大丰、杜益虹、吴淑英、施郁文、池万乐等。同时，也特别感谢王子怡和叶怡雯在本书的编排和校对以及代码验证工作中提供的支持。

本书的编写得到了温州职业技术学院"十三五"教育教改重大项目立项支持（项目编号：WZYZD201706），在此表示衷心的感谢。

为了方便教师教学，本书配有电子教学课件及相关资源，请有此需要的教师登录华信教育资源网（www.hxedu.com.cn）免费注册后进行下载，如有问题可在网站留言板留言或与电子工业出版社联系（E-mail：hxedu@phei.com.cn）。

教材建设是一项系统工程，需要在实践中不断加以完善及改进，同时由于时间仓促、编者水平有限，书中难免存在疏漏和不足之处，敬请同行专家和广大读者给予批评和指正。

编　者

目　　录

第1章　认识 Python

学习任务

本章将对 Python 语言程序框架、开发环境和开发过程进行介绍。通过本章的学习，读者应了解 Python 语言程序宏观框架结构与特点，熟悉 Python 语言程序的开发环境与开发过程，了解 Python 语言程序设计应掌握的知识结构，以及掌握 Python 语言环境与相关工具的安装。

知识点

- Python 运行原理
- 语句的结束
- 注释
- 编码
- 输入与输出
- 值与类型
- 变量与标识符
- 运算符和不同类型的混合计算
- 字符串的连接与倍增
- 将数值转换成字符串
- 导入模块

1.1　案例

1.1.1　案例 1：运行你的第一个程序

案例描述　创建一个文件 MyFirstPython.py，使用记事本编辑如下内容。

```
1  # 我的第一个 Python 程序
2  print ("Hello World!" )
```

保存后，打开命令窗口，切换到 MyFirstPython.py 所在的目录，然后执行下面的命令：

```
python MyFirstPython.py
```

运行结果如下：

```
Hello World
```

案例说明

➢ 第 1 行：程序中用"#"表示注释，所有的注释是不执行的，在 Pycharm 中的快捷键为 Ctrl+/。

➢ 第 2 行：利用 print 输出一个字符串，Python 的字符串写在双引号（""）或单引号（"）中。

➢ 在 cmd 命令窗口中：执行 python MyFirstPython.py 时，可能会提示报错信息，系统找不到 Python 命令。此时，需要进行 Python 环境变量的配置，具体如下所示。

步骤 1. 此计算机→单击右键→在快捷菜单中选择"属性"。

步骤 2. 在"属性"中找到"高级系统设置"，然后单击"环境变量"。

步骤 3. 在系统变量中，找到 Path 并双击，如图 1-1 所示。

图 1-1　双击 Path

步骤 4. 找到安装 Python 的路径，在系统变量下找到 Path。在 Path 的最后面添加 Python 的安装目录（本教程安装目录为 D:\PYTHON36），如图 1-2 所示。同样，在 PATHEXT 中添加".PY;.PYM"，如图 1-3 所示。

图 1-2　设置 Path 的路径

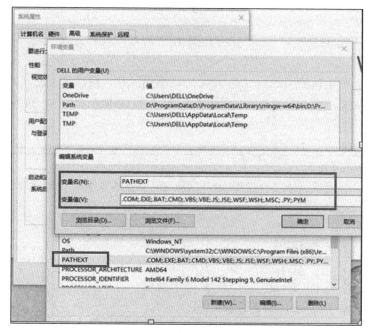

图 1-3　设置 PATHEXT 的内容

步骤 5. 单击"确定"按钮，直到设置完成。

步骤 6. 打开命令 cmd 窗口，输入 Python，出现如图 1-4 所示提示即为配置成功。

图 1-4　cmd 命令窗口

1.1.2　案例 2：求正方形的面积

案例描述　输入正方形的边长，计算其面积。

1	print("求正方形的面积")	
2	a = 0	# a 为浮点型，表示正方形的边长
3	Area =0.0	# Area 为浮点型，表示面积
4	a = float(input("输入正方形的边长："))	
5	Area = 1.0 * a * a	# 正方形面积公式
6	print("求出的正方形面积是："+ str(Area))	# 利用 str()函数可以将数字转换为字符串

保存后，打开命令窗口，切换到 Square.py 所在的目录，然后执行下面的命令：

```
python Square.py
```

案例说明

➢ Python 程序非常简洁，语句与语句之间用"回车"换行进行分隔，一行一条语句。

➢ 关于编码的说明：

（1）Python 2 中默认的编码格式是 ASCII 码格式，默认情况下无法正确打印汉字，所以在读取中文时会报错。解决方法为在文件开头加入 # -*- coding: utf-8 -*- 或 #coding=utf-8。

例如：

```
1    # -*- coding:utf-8 -*-
2    # 上述代码的含义：本文件使用 utf-8 编码（可以用中文），否则使用 ASCII 编码
3    # 或者用下面的方法，注意：#coding=utf-8 的 = 两边不要空格
4    # coding=utf-8
5    print("求正方形的面积")
6    a = 0                  #a 为浮点型，表示正方形的边长
7    Area = 0.0             # Area 为浮点型，表示面积
8    a = float(input("输入正方形的边长："))
9    Area = 1.0 * a * a              # 正方形面积公式
10   print("求出的正方形面积是："+ str(Area))   # 利用 str()函数可以将数字转换为字符串
```

（2）Python 3 默认使用 utf-8 编码，因此已经支持中文汉字的打印，不需要在文件开头加入 utf-8 的编码格式说明。

➢ 第 6、7 行：分别定义两个变量 a 和 Area。Python 的变量需要先定义再使用，它的定义可以赋初值形式完成变量的声明。Python 对大小写敏感，使用时要注意。

➢ 第 8 行：利用 input 函数完成输入，Python 的输入可以带一个文本提示，如上例中的**"输入正方形的边长："**。Python 3 的 input 输入的类型为字符型数据，若要方便地输入浮点型的数据可使用数据类型转换函数 float()进行转换。

➢ Python 2 和 Python 3 的整数除法运算不一样，使用的时候一定要区分是 2 还是 3。

➢ 浮点数运算结果会因为精度不同稍有差异，如果计算过程对精度有较高要求，请使用 decimal 模块，具体参见 1.2.6 节中关于 float 与 decimal 的相关内容。

➢ 第 10 行：利用 str()函数可以实现数字与字符串的转换，字符串之间可通过加"+"直接连接。

1.1.3 案例 3：制作你的第一个游戏

```
1    import   random
2    secret = random.randint(1,1000)
3    guess = 0
4    tries = 0
5    print ("请你猜一猜从 1 到 1000，会是什么数字？")
6    print("你只有 5 次机会哦！")
7    while guess != secret and tries < 5:
```

8	guess = eval(input("请输入你猜的数字："))
9	**if** guess < secret:
10	**print** ("太小了！！！！！！！！！！！")
11	**elif** guess > secret:
12	**print** ("太大了！！！！！！！！！！！")
13	tries = tries + 1
14	**if** guess == secret:
15	**print** ("猜对了，恭喜你！！！！")
16	**else**:
17	**print**("很可惜，你猜错了！")
18	**print**("正确的数字为："+ **str**(secret))

案例说明

➢ 第 1 行：import 导入随机数库包 random。

➢ 第 2 行：random 包中 randint(1,1000)随机产生一个 1～1000 的整数。

➢ 第 7 行：用 while 语句控制允许输入的次数 tries，这里共 5 次。用户可以不断尝试，直到猜中为止，或者用完所有的机会。

➢ 第 8 行：用户输入猜的数字。此处用 eval 方法对输入的数字进行判断，将字符串 str 当成有效的表达式来求值并返回计算结果。

➢ 第 9～12 行：用 if 语句判断大小，根据秘密数检查用户猜的结果：太大或是太小。

➢ 第 13 行：用掉一次机会。

➢ 第 14～18 行：最后根据用户猜数结果进行相应的信息打印输出。

> **提示：** 每次缩进 4 个空格为准，第 13 行用掉一次机会后，会返回第 7 行，直到用完 5 次机会或者游戏结束。

1.2　知识梳理

1.2.1　Python 运行原理

Python 由解释器、编译器和虚拟机三个主要部分组成。Python 先把代码（.py 文件）编译成字节码，交给字节码虚拟机，然后虚拟机一条一条执行字节码指令，从而完成程序的执行。字节码在 Python 虚拟机程序里对应的是 PyCodeObject 对象。.pyc 文件是字节码在磁盘上的表现形式。简单地说，当我们运行 Python 文件程序的时候，Python 解释器将源码转换为字节码，再把编译好的字节码转发到虚拟机（PVM）中执行，而编译器的作用是将部分程序的字节码转换成底层真正的二进制机器代码，从而实现更快的执行速度。

> **提示：** 字节编译的.pyc 文件
> 　　导入模块比较费时，Python 做了优化，以便更快地导入模块。通过创建字节编译的文件可以达到优化效果，Python 中编译后的文件以 pyc 为后缀名。
> 　　pyc 是一种二进制文件，是 py 文件经编译后产生的一种 byte code，而且是跨平台的

（平台无关）字节码，由 Python 虚拟机对其进行执行，类似于 Java 或.net 虚拟机的概念。不同 Python 版本编译后的 pyc 文件是不同的。Python 运行原理如图 1-5 所示。

图 1-5　Python 运行原理

1.2.2　语句的结束

Python 中并没有特殊的符号用来表示一个语句的结束，一行就是一个语句，因此一行结束，语句即结束。

1.2.3　注释

编程有两个作用：一是使程序顺利执行且解决一些问题；二是记录解决一个问题的方法，利于后人在此基础上更有效地解决一些问题。所以评价程序的一个重要依据是它的源代码是否能被人看懂，这甚至比它是否可以执行更重要。注释就是对代码的解释和说明，为了别人和自己很容易看懂，让别人一看就知道这段代码是做什么用的。正确的程序注释一般包括序言性注释和功能性注释。序言性注释的主要内容包括模块的接口、数据的描述和模块的功能；功能性注释主要包括程序段的功能、语句的功能和数据的状态。

注释的内容不会被程序执行，一定要注意 Python 的注释标记只在"当前行"有效。一般注释可以采用如下三种方式。

单行注释：在任何代码前加上符号#就可以把该行代码变成一个注释。如下面第 1 行所示。

行末注释：也可以在一行代码的最后加注释。如下面第 2 行所示。

【例 1-1】单行注释与行末注释

1	# My first python program
2	print('Hello World')　　　# 打印出 Hello World

多行注释：可以在每行代码前面加一个符号#（如下面第 1～5 行所示），也可以用"三重引号字符串"实现跨多行的注释（如下面第 8～13 行所示）。

【例 1-2】多行注释

```
1    # -*- coding:utf-8 -*-
2    # ***********************
3    # My first python program
4    # 打印出 Hello World
5    # ***********************
6    print('Hello World')
7
8    '''多行注释的另一种写法
9    使用三重引号字符串
10   它其实是一个跨多行的字符串
11   由于这个字符串没有名字，程序对它不做任何处理
12   所以它对程序没有任何影响
13   '''
```

1.2.4　编码

Python 3 程序默认使用 utf-8 编码，因此已经支持中文。

Python 2 中默认的字符编码是 ASCII 码。Python 2 在处理数据时，只要数据没有指定它的编码类型，Python 2 就默认将其当作 ASCII 码来进行处理。这个问题最直接地表现在当我们编写的 Python 文件中包含中文字符时，在运行时会提示出错。

因此在 Python 2 中，如果需要使用中文，最简单的办法是在程序的第一行以注释的方式做以下标注：

coding: utf-8

或者

coding=utf-8

其含义是："本文件用 utf-8 编码。"utf-8 编码支持多种文字，包括中文。

要注意的是，即便使用了"# coding:utf-8"标记，程序代码中所有非中文的部分也必须都用英文输入法输入，如本行开始的"#"必须是英文的，不能是中文的，包括运算符号也必须使用英文。

> **提示**：因为计算机只能处理数字，如果要处理文本，就必须先把文本转换为数字才能处理。最早的计算机在设计时采用 8 比特（bit）作为 1 字节（byte），所以，1 字节能表示的最大的整数就是 255（二进制 11111111=十进制 255），如果要表示更大的整数，就必须用更多的字节。比如 2 字节可以表示的最大整数是 65 535，4 字节可以表示的最大整数是 4294967295。计算机是美国人发明的，因此，最早只有 127 个字符被编码到计算机里，也就是大小写英文字母、数字和一些符号，这个编码表称为 ASCII 编码。例如，大写字母 A 的编码是 65，小写字母 z 的编码是 122。
>
> 但是要处理中文显然 1 字节是不够的，至少需要 2 字节，而且还不能和 ASCII 编码冲突，所以，中国制定了 GB 2312 编码，用来把中文编进去。

1.2.5 输入与输出

1. 输入

从键盘读取字符串是从用户处获取信息的一种最基本方式。Python 3 提供了接收输入的方法：input()。

input 是一个输入函数，注意 input 后面必须加上英文字符的括号()。

程序的数据输入可以使用 input，其格式是：

变量＝input（"提示信息"）。

例如，在命令行输入如下命令。

【例 1-3】input()输入

1	**print**('你叫什么名字')
2	name = input("我的名字是：")
3	**print** ("你好！" + name.capitalize())

执行上述命令后，程序输出第一句后就停住了，此时 input 在等待用户的输入。

但是 input 通常用来输入字符型数据，若要方便地输入数值型数据可使用类型转换函数 int()，如下所示。

【例 1-4】输入数值型数据

1	**print** ("请输入你的幸运数字")
2	number = input("我的幸运数字是：")
3	numberNew = int(number) + 10
4	**print** ("祝你好运！" + str(numberNew))

实用技巧说明：

（1）函数 capitalize()的作用是使字符串中的第一个字符为大写，而其他字符为小写。

【例 1-5】capitalize()

1	**print** ("deris weng".capitalize())

（2）使用 strip()函数可以去掉开头和末尾的空白字符。

【例 1-6】strip()

1	**print** (" deris weng ".strip())

（3）如果想知道字符串包含哪些函数，可以在交互式命令行中输入 dir(' ')。

【例 1-7】dir(' ')

1	**print**(dir(""))

输出的结果：

['__add__', '__class__', '__contains__', '__delattr__', '__doc__', '__eq__', '__format__', '__ge__', '__getattribute__', '__getitem__', '__getnewargs__', '__getslice__', '__gt__', '__hash__', '__init__', '__le__', '__len__', '__lt__', '__mod__', '__mul__', '__ne__', '__new__', '__reduce__', '__reduce_ex__', '__repr__', '__rmod__', '__rmul__', '__setattr__', '__sizeof__', '__str__', '__subclasshook__', '_formatter_field_name_split', '_formatter_parser', 'capitalize', 'center', 'count', 'decode', 'encode', 'endswith', 'expandtabs', 'find', 'format', 'index', 'isalnum', 'isalpha', 'isdigit', 'islower', 'isspace', 'istitle', 'isupper', 'join', 'ljust', 'lower', 'lstrip', 'partition', 'replace', 'rfind', 'rindex', 'rjust', 'rpartition', 'rsplit', 'rstrip', 'split', 'splitlines', 'startswith', 'strip', 'swapcase', 'title', 'translate', 'upper', 'zfill']

上述都是字符串相关的函数，具体的使用可以查阅 Python 的帮助文档。

2. 输出

程序的输出可以使用 print，print 输出一个字符串，所以需要输出的数据要转换为字符串。print，意为打印，在 Python 中为打印内容到命令行（或者叫终端、控制台）。

Python 2 基本格式：

print 要打印的东西

或者

　　print(要打印的东西)

Python 3 基本格式：

　　print(要打印的东西)

这里一定要用英文字符的括号，所有程序中出现的符号都必须是英文字符。

直接在 print 后面加一段文字来输出的话，需要给文字加上双引号或者单引号。

【例 1-8】print()输出

| 1 | print('Hello World') | # 单引号 |
| 2 | print("Hello World") | # 双引号 |

print 除了打印文字之外，还能输出各种数字、运算结果、比较结果等。

【例 1-9】print()输出各种数字、运算结果、比较结果等

1	print (100)	# 100
2	print(3.1415926)	# 3.1415926
3	print(8e50)	# 8e+50
4	print(1 + 2 + 3)	# 6
5	print(10 < 11)	# True
6	print (10 > 11)	# False

其实在 Python 命令行下，print 是可以省略的，默认就会输出每一次命令的结果。

【例 1-10】Python 命令行下，print 可以省略

| 1 | 'Hello World' | # Hello World |

2	5+8*2	# 21
3	10<11	# True

实用技巧说明：

（1）print 在标准输出窗口中打印每个字符串，默认情况下用空格分隔它们。

【例 1-11】默认用空格分隔

1	**print ('Hello','deris','weng')**	# Hello deris weng

（2）如果想要修改字符串分隔，可以用如下方法。

【例 1-12】用字符串分隔

1	**print ('Hello','deris','weng'** ,sep=',')	# Hello,deris,weng

（3）默认情况下，print 打印完后会换行。

【例 1-13】默认换行

1	print('**deris**')
2	print('**weng**')

输出结果：

```
deris
weng
```

因此默认情况下，想要在同一行打印其他内容，可以用如下方法。

【例 1-14】在同一行打印

1	print('deris',end='')	# 通过指定结束字符为空字符串实现
2	print('weng')	

输出结果：

```
derisweng
```

注意：空格也占一个字符，上例中 end=''，单引号内部没有空格。

1.2.6　值与类型

计算机程序可以处理各种各样的数值。但是，计算机能处理的远不止数值，它还可以处理文本、图形、音频、视频、网页等各种各样的数据。不同的数据需要定义不同的数据类型。在 Python 中，能够直接处理的数据类型主要有以下几种。

1. 数字型：将数字分为整数和带小数点的数

Python 3 支持 int、float、complex（复数），如表 1-1 所示。

表 1-1　Python 3 支持的数据

int	float	complex
9	0.0	123.45j
99	9.99	1234.j
−99	−999.9	0.12e-34j
0x123AB123EF	99.9+e99	12e+345j

1）整数型数据

在 Python 3 里，只有一种整数类型 int，表示为长整型，没有 python 2 中的 Long 类型。

Python 可以处理任意大小的整数，包括负整数，在程序中的表示方法和数学上的写法相同，例如：1，-120，100，0，等等。由于计算机使用的是二进制，所以有时候用十六进制表示整数比较方便，如十六进制用 0x 前缀和 0～9、a～f 表示，例如：0xff00，0x1a2b3c，等等。

2）浮点型数据 float

浮点数也就是小数，之所以称为浮点数，是因为按照科学记数法表示时，一个浮点数的小数点位置是可变的，比如，1.23×10^9 和 12.3×10^8 是完全相等的。浮点数可以用数学写法表示，如 1.23，-1.23，等等。但是对于很大或很小的浮点数，就必须用科学计数法表示，把 10 用 e 替代，$1.23*10^9$ 就是 1.23e9，或者 12.3e8，0.000012 可以写成 1.2e-5，等等。

整数和浮点数在计算机内部存储的方式是不同的，整数运算永远是精确的，而浮点数运算则可能会有四舍五入的误差。

特别要注意浮点数的运算，如浮点数的加法，0.54+0.4 显示结果为 0.9400000000000001，并不是我们想象中的 0.94，这是因为浮点数内部是二进制表示的，在形式上是一个无限系列。

【例 1-15】浮点数运算的不精确性

```
1    print(0.54+0.4)
```

输出结果：

```
0.9400000000000001
```

如果想要得到一个精确的结果，建议用 decimal 模块。使用 decimal 模块对 0.54+0.4 的精确度进行修改，设置精度参数 prec=2，如下所示，最后得到的结果为 0.94。

【例 1-16】利用 decimal 得到一个精确的结果

```
1    import decimal
2    from decimal import Decimal
3    decimal.getcontext().prec = 2        # 设置精度，即小数点位数
4    print(Decimal(0.54) + Decimal(0.4))
```

输出结果：

0.94

3）复数

Python 还支持复数，复数由实数部分和虚数部分构成，可以用 a + bj 或 complex(a,b)表示，复数的实部 a 和虚部 b 都是浮点型。

> **提示：**
> 数值的除法（/）总是返回一个浮点数，要获取整数使用//操作符。
> 在混合计算时，Python 会把整型转换成浮点数。

2. 字符串

字符串是以单引号 ' 或双引号 " 括起来的任意文本，如'abc'、"xyz"等。请注意，' 或 ""本身只是一种表示方式，不是字符串的一部分，因此，字符串 'abc' 只有 a、b、c 这 3 个字符。如果 ' 本身也是一个字符，那就可以用 "" 括起来，例如，"I'm OK" 包含的字符是 I、'、m、空格、O、K 这 6 个字符。

如果字符串内部既包含单引号 ' 又包含双引号 "，可以用转义字符 \ 来标识。

【例 1-17】转义字符 \ 的使用

1	print('I\'m \"OK\"!')

输出结果：

I'm "OK"!

其他转义字符的示例，本书会在第 5 章 5.2.7 转义字符中详细介绍。

3. 布尔值

布尔值和布尔代数的表示完全一致，一个布尔值只有 True、False 两种值。在 Python 中，可以直接用 True、False 表示布尔值（请注意大小写），也可以通过布尔运算计算出布尔值。

【例 1-18】各种布尔运算

1	print(True)
2	# True

1	print(False)
2	# False

1	print(3 > 2)
2	# True

```
1  print(3 > 5)
2  # False
```

布尔值可以用 and、or 和 not 运算。

and 运算是与运算，只有所有的值都为 True，and 运算结果才是 True。

【例 1-19】and 运算

```
1  print(True and True)
2  # True
```

```
1  print(True and False)
2  # False
```

```
1  print(False and False)
2  # False
```

```
1  print(5 > 3 and 3 > 1)
2  # True
```

or 运算是或运算，只要其中有一个值为 True，or 运算结果就是 True。

【例 1-20】or 运算

```
1  print(True or True)
2  # True
```

```
1  print(True or False)
2  # True
```

```
1  print(False or False)
2  # False
```

```
1  print(5 > 3 or 1 > 3)
2  # True
```

not 运算是非运算，它是一个单目运算符，把 True 变成 False，把 False 变成 True。

【例 1-21】not 运算

```
1  print(not True)
```

2	# False

1	print(not False)
2	# True

1	print(not 1 > 2)
2	# True

布尔值经常用在条件判断中，如下列所示。

【例 1-22】条件判断中使用布尔值

1	if age >= 18:
2	print('成年')
3	else:
4	print('未成年')

4. 空值

空值是 Python 里一个特殊的值，用 None 表示。None 不能理解为 0，因为 0 是有意义的，而 None 是一个特殊的空值。

此外，Python 还提供了列表、字典等多种数据类型，还允许创建自定义数据类型。

5. 其他数据类型

Python 还支持其他常用的数据类型，如 List（列表）、Tuple（元组）、Sets（集合）、Dictionary（字典）。这些数据类型将会在后续的章节中详细介绍。

Python 还提供了一个可以查看数据类型的"内置函数"type()，例如，定义 a=10，执行 print(type(a))之后，结果是 int。

1.2.7 变量与标识符

变量来源于数学，是计算机语言中存储计算结果或表示值的抽象概念。变量可以通过变量名访问。程序员所起的名字称为"标识符"。在计算机程序中，变量不仅可以是数字，还可以是任意数据类型。变量在程序中是用一个变量名表示的，变量名必须是大/小写英文、数字和_的组合，并且不能用数字开头。

标识符的规范（即程序中为自定义的目标起名的规范）如下：

（1）标识符可以由字母、数字、下画线组成；

（2）标识符长度不限；

（3）标识符必须由字母或下画线开始；

（4）大小写敏感（不同）；

（5）标识符不可以使用 Python 的关键字。

注意：

（1）Python 没有常量机制，如果确实需要某些不可改变的数据，一般将其名称大写，如 PI＝3.14。

（2）Python 可以同时为多个变量赋值，如 a, b = 1, 2。

（3）一个变量可以通过赋值指向不同类型的对象。

1.2.8　运算符和不同类型的混合计算

Python 支持常用的算术运算：加、减、乘、除和括号()。算术运算的对象必须是数值。关于算术运算的优先级，Python 世界和现实世界是一样的，需要注意的是，Python 只提供一种括号，并且可以嵌套。

1.2.9　字符串的连接与倍增

Python 中有很多字符串连接方式，下面是常见的几种。

（1）最原始的字符串连接方式，直接用"＋"来连接两个字符串，即 str1 + str2，如

'Deris' + 'Weng' = 'DerisWeng'

（2）如果两个字符串用"，"隔开，那么这两个字符串将被连接，但是，字符串之间会多出一个空格，即 str1, str2，如

'Deris', 'Weng' = 'Deris Weng'

（3）Python 还支持把两个字符串放在一起，中间有空格或者没有空格：两个字符串自动连接为一个字符串。如

'Deris"Weng' = 'DerisWeng'

'Deris' 'Weng' = 'DerisWeng'

（4）用符号"％"连接一个字符串和一组变量，字符串中的特殊标记会自动被右边变量组中的变量替换，即 'name:%s; sex: ' % ('Deris ', 'Female')，如

'%s, %s' % ('Deris', 'Weng') = 'Deris, Weng'

（5）利用字符串的函数 join。这个函数接收一个列表，然后用字符串依次连接列表中的每一个元素，如

var_list = ['Deris', 'Weng ', 'Female']

a = '***'

a.join(var_list) = 'Deris ***Weng ***Female'

（6）字符串乘法，如

a = 'Weng'

a * 3 = 'WengWengWeng'

1.2.10　将数值转换成字符串

（1）（Python 2 的用法）利用一对反撇（反撇和单引号不一样）：`数值`。

【例 1-23】反撇的使用

```
1    # Python 2
2    a = 123
3    b = 456
4    c = a + b
5    d= 'a 与 b 作为字符连接：' + `a` + `b`
6    print(c)
7    print(d)
```

输出结果：

```
579
a 与 b 作为字符连接：123456
```

（2）利用 str 函数可以达到同样的效果。

【例 1-24】str 函数的使用

```
1    # Python 2 或者 3
2    a = 123
3    b = 456
4    d= 'a 与 b 作为字符连接：' + str(a) + str(b)
5    print(d)
```

输出结果：

```
a 与 b 作为字符连接：123456
```

1.2.11　导入模块

Python 是由一系列模块组成的，每个模块就是一个以 py 为后缀的文件，同时模块也是一个命名空间，从而避免了变量名称冲突的问题。模块可以理解为 lib 库，如果需要使用某个模块中的函数或对象，则要导入这个模块才可以使用，系统默认的模块（内置函数）不需要导入。

导入模块有以下两种写法。

第一种，使用 import 导入。

【例 1-25】import 导入

```
1    import test
2    test.add()              # 假设 test 中有 add 方法，调用 add 方法
```

第二种，使用 form...import 导入。

【例 1-26】form...import 导入

1	from test import *	
2	add()	# 假设 test 中有 add 方法，调用 add 方法

模块是一组 Python 代码的集合，可以使用其他模块，也可以被其他模块使用。创建自己的模块时，要注意：

（1）模块名要遵循 Python 变量命名规范，不要使用中文、特殊字符；

（2）模块名不要和系统模块名冲突，最好先查看系统是否已存在该模块，检查方法是在 Python 交互环境执行 import abc，若成功则说明系统存在此模块。

1.2.12　安装 Python

安装 Python 环境之前必须弄清楚以下两种工具的区别：一种是编码器，另一种是 IDE 工具。

1. 编码器

目前，Python 有两个版本，一个是 2.x 版，一个是 3.x 版，这两个版本语法有些区别，是不兼容的。因为现在 Python 正在朝着 3.x 版本进化，在进化过程中，大量针对 2.x 版本的代码需要修改后才能运行，所以目前有许多第三方库还暂时无法在 3.x 版本上使用。本教材的版本为 Python 3.6。Python 的官方下载地址为http://www.python.org/。

2. IDE 工具

IDE，即集成开发环境（Integrated Development Environment），是用于提供程序开发环境的应用程序，一般包括代码编辑器、编译器、调试器和图形用户界面等工具。

常见的使用工具如下。

（1）Pycharm：Pycharm 是一种 Python IDE，带有一整套可以帮助用户在使用 Python 语言开发时提高其效率的工具，比如调试、语法高亮、Project 管理、代码跳转、智能提示、自动完成、单元测试、版本控制等。

（2）IDLE：IDLE 是一个纯 Python 下使用 Tkinter 编写得相当基本的 IDE。

（3）Ipython：Ipython 是一个 Python 的交互式 Shell，比默认的 Pythonshell 好用得多。

3. 安装并使用 IDE 集成开发环境 Pycharm

（1）安装 Python 3.6 msi 包。

（2）安装 Pycharm GUI 开发环境。

（3）新建工程并配置解释器，如图 1-6 所示。

（4）新建 Python 文件，如图 1-7 所示。

（5）输入代码：

```
print 'Hello world!'
```

（6）单击"Run"按钮运行，如图 1-8 所示。

（7）运行结果如图 1-9 所示。

图 1-6　新建工程并配置解释器

图 1-7　新建 Python 文件

图 1-8　单击"Run"按钮运行

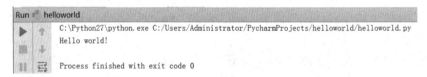

图 1-9　运行结果

1.2.13　Python 2 与 Python 3 的版本切换

Python 3 相对于 Python 的早期版本做了较大的升级。Python 3 之后的版本在设计的时候没有考虑向下兼容性。许多针对早期 Python 版本设计的代码都无法在 Python 3.0 上正常执行。Python 2.6 作为一个过渡版本，基本使用了 Python 2.x 的语法和库，同时考虑了向 Python 3.0 的迁移，允许使用部分 Python 3.0 的语法和函数。但是仍然存在很大的兼容性问题，考虑到 Python 2 到 Python 3 的过渡，我们可能会碰到两个版本之间的切换。下面先针对 Pycharm 中 Python 2 与 Python 3 之间切换的两种方法做一个介绍。

方法一：

步骤 1. 打开后，若看到有方框标注的内容（Configure Python Interpreter），则表示版本有问题。可单击"Configure Python Interpreter"，如图 1-10 所示。

图 1-10　单击"Configure Python Interpreter"

步骤 2. 单击以后可以看到如图 1-11 所示版本切换界面。

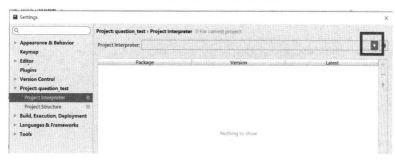

图 1-11　版本切换界面

步骤 3. 单击"Project Interpreter"，选择 Python 3.6 进行切换，如图 1-12 所示。

图 1-12　选择 Python 3.6 进行切换

　　步骤 4. 返回输入界面后，会看到第 2 行有明显的红色错误，这是因为当前使用的版本是 Python 3，在执行 print 的时候，打印的文字需要添加小括号()。这样就完成了从 Python 2 到 Python 3 的切换，如图 1-13 所示。

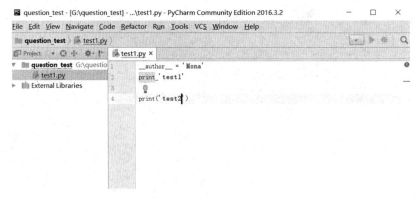

图 1-13　完成版本切换

方法二：

步骤 1. 在工具栏中找到"File"并单击，如图 1-14 所示。

图 1-14　单击工具栏中的"File"

步骤 2. 选择"Settings"，如图 1-15 所示。

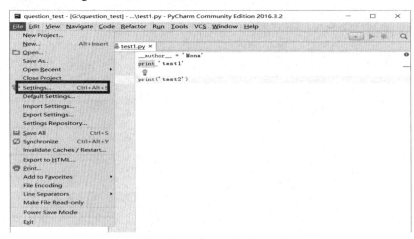

图 1-15　选择"Settings"

步骤 3. 单击左侧的"Project Interpreter"选项，可以看到当前使用的版本是 3.6.1，如图 1-16 所示。

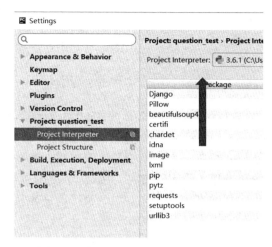

图 1-16　单击"Project Interpreter"选项

步骤 4. 打开下拉列表会显示出很多个不同的 Python 版本，在这里我们选择 Python 2.7.13，如图 1-17 所示。

图 1-17　选择 Python 2.7.13

步骤 5. 单击"Apply"按钮，然后单击"OK"按钮，如图 1-18 所示。

图 1-18　单击"OK"按钮

步骤 6. 可以看到，没有红色的错误提示，现在 Pycharm 使用的是 Python 2.7。print 不需要加小括号，当然加了也没问题，如图 1-19 所示。

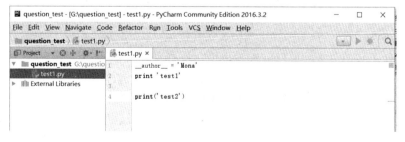

图 1-19　完成版本切换

1.3 小结与习题

1.3.1 小结

本章从三个简单的案例出发，介绍了 Python 的基础知识，学完这一章你会对 Python 语言的程序框架、开发环境和开发过程有个宏观上的认识，而且了解了 Python 的运行原理。学完案例 1，你会知道 Python 是如何输入/输出一条语句的，然后是如何运行一个简单的小程序的；学完案例 2，通过"求正方形的面积"，你会了解到 Python 语言中各种数据值与类型、变量与标识符是如何表示的；学完案例 3，你会学到字符串是如何连接和倍增的，然后就可以制作你的第一个小游戏，开启你的编程之旅！

通过本章的学习，你将对 Python 语言程序框架结构有个大体上的认识。你不但了解了 Python 语言开发的过程，还简要了解了 Python 语言程序设计应掌握的知识结构。同时通过实例的训练，你将学会 Python 的语言环境与相关工具的安装。

1.3.2 习题

1. 如何启动 IDLE？
2. print 的作用是什么？input 的作用是什么？
3. 启动运行一个程序时，IDLE 会显示什么？
4. Python 运行程序又叫什么？

1.4 课外拓展

Python 是一种面向对象的解释型计算机程序设计语言，由荷兰人 Guido van Rossum 于 1989 年发明，第一个公开发行版发行于 1991 年。

Python 是纯粹的自由软件，源代码和解释器 CPython 遵循 GPL（GNU General Public License）协议。Python 语法简洁清晰，特色之一是强制用空白符（White Space）作为语句缩进。

在 IEEE 发布的 2017 年编程语言排行榜中 Python 高居首位。

1982 年，Guido 从阿姆斯特丹大学（University of Amsterdam）获得了数学和计算机硕士学位。在那个时候，他接触并使用过诸如 Pascal、C、Fortran 等语言，这些语言的基本设计原则是让机器能更快地运行。在 20 世纪 80 年代，虽然 IBM 和苹果已经掀起了个人计算机浪潮，但在今天看来这些个人计算机的配置很低。比如早期的 Macintosh，只有 8MHz 的 CPU 主频和 128KB 的 RAM，一个大的数组就能占满内存。所有的编译器的核心是做优化，以便让程序能够运行。为了提高效率，语言也迫使程序员像计算机一样思考，以便能写出更符合机器"口味"的程序。在那个时代，程序员恨不得榨干计算机每一寸的能力。有人甚至认为 C 语言的指针都是在浪费内存。至于动态类型、内存自动管理、面向对象……别想了，那会让你的计算机陷入瘫痪。

然而，这种思考方式让 Guido 感到苦恼。Guido 知道如何用 C 语言写出一个功能，但整个编写过程需要耗费大量的时间（即使他已经准确地知道了如何实现）。他的另一个选择是

Shell。Bourne Shell 作为 UNIX 系统的解释器（interpreter）已经长期存在。UNIX 的管理员们常常用 Shell 去写一些简单的脚本，以进行一些系统维护的工作，比如定期备份、文件系统管理等。Shell 可以像胶水一样，将 UNIX 下的许多功能黏接在一起。许多 C 语言下上百行的程序，在 Shell 下只用几行就可以完成。然而，Shell 的本质是调用命令，它并不是一个真正的语言。比如，Shell 没有数值型的数据类型，加法运算都很复杂。总之，Shell 不能全面地调动计算机的功能。

Guido 希望有一种语言，这种语言能够像 C 语言那样，能全面调用计算机的功能接口，又可以像 Shell 那样，可以轻松地编程。ABC 语言让 Guido 看到希望。ABC 是由荷兰的 CWI（Centrum Wiskunde & Informatica，数学和计算机研究所）开发的。Guido 在 CWI 工作，并参与到 ABC 语言的开发。ABC 语言以教学为目的。与当时的大部分语言不同，ABC 语言的目标是"让用户感觉更好"。ABC 语言希望让语言变得容易阅读，容易使用，容易记忆，容易学习，并以此来激发人们学习编程的兴趣。

1989 年，为了打发圣诞节假期，Guido 开始写 Python 语言的编译/解释器。Python 来自 Guido 喜爱的电视剧 Monty Python's Flying Circus（BBC 于 1960—1970 年播放的室内情景幽默剧，以当时的英国生活为素材）。他希望这个新的叫作 Python 的语言，能实现他的理念（一种 C 和 Shell 之间，功能全面、易学易用、可拓展的语言）。Guido 作为一个语言设计爱好者，已经有过设计语言（不是很成功）的尝试。这一次，也不过是又一次纯粹的尝试。

Python 的诞生

1991 年，第一个 Python 编译器（同时也是解释器）诞生。它是用 C 语言实现的，并能够调用 C 库（.so 文件）。从一产生，Python 就已经具有了：类（Class）、函数（Function）、异常处理（Exception）、包括表（List）和词典（Dictionary）在内的核心数据类型，以及模块（Module）为基础的拓展系统。

Python 语法很多来自 C，但又受到 ABC 语言的强烈影响。来自 ABC 语言的一些规定直到今天还富有争议，比如强制缩进。但这些语法规定让 Python 容易读。另外，Python 聪明地选择服从一些惯例（特别是 C 语言的惯例）。比如使用等号赋值，使用 def 来定义函数。Guido 认为，如果"常识"上确立的东西，就没有必要过度纠结。

Python 从一开始就特别在意可拓展性（Extensibility）。Python 可以在多个层次上拓展，从高层上，可以引入.py 文件；在底层，可以引用 C 语言的库。Python 程序员可以快速地使用 Python 写.py 文件作为拓展模块。但当性能是考虑的重要因素时，Python 程序员又可以深入底层，写 C 程序，编译为.so 文件引入到 Python 中使用。Python 就好像使用钢构建房屋一样，先规定好大的框架，而程序员可以在此框架下相当自由地拓展或更改。

最初的 Python 完全由 Guido 本人开发。Python 得到了 Guido 同事的欢迎，他们迅速地反馈使用意见，并参与到 Python 的改进中。Guido 和一些同事构成了 Python 的核心团队，他们将大部分的业余时间用于钻研 Python（也包括工作时间，因为他们将 Python 用于工作）。随后，Python 拓展到 CWI 之外。Python 将许多机器层面的细节隐藏，交给编译器处理，并凸显出逻辑层面的编程思考。Python 程序员可以花更多的时间用于思考程序的逻辑，而不是具体的实现细节（Guido 有一件 T 恤，写着"人生苦短，我用 Python"）。这一特征吸引了众多的程序员，Python 开始流行。

Python 在设计上坚持了清晰划一的风格，这使得 Python 成为一门易读、易维护，并且被大量用户所欢迎的、用途广泛的语言。

设计者开发时总的指导思想是，对于一个特定的问题，只要有一种最好的方法来解决就好了。这在由 Tim Peters 写的 Python 格言（称为 The Zen of Python）里表述为：There should be one—and preferably only one—obvious way to do it. 这正好和 Perl 语言（另一种功能类似的高级动态语言）的中心思想 TMTOWTDI（There's More Than One Way To Do It）完全相反。

Python 的设计哲学是"优雅""明确""简单"。因此，Perl 语言中"总是有多种方法来做同一件事"的理念在 Python 开发者中通常是难以忍受的。Python 开发者的哲学是"用一种方法，最好是只有一种方法来做一件事"。在设计 Python 语言时，如果面临多种选择，Python 开发者一般会拒绝花哨的语法，而选择明确的、没有或很少有歧义的语法。由于这种设计观念的差异，Python 源代码通常被认为比 Perl 具备更好的可读性，并且能够支撑大规模的软件开发。这些准则被称为 Python 格言。在 Python 解释器内运行 import this 可以获得完整的列表。

（引自 https://www.aliyun.com/jiaocheng/489236.html?spm=5176.100033.2.14.M0Mn9u）

1.5 实训

1.5.1 实训 1：认识 Python

一、实训目的

1. 了解 Python 运行原理、注释的使用。
2. 掌握 Python 的编码规范。
3. 掌握 Python 输入与输出的写法。
4. 掌握 Python 变量与标识符的运用。
5. 能够利用 Python 语言基础编写简单的 Python 代码。

二、单元练习

（一）选择题

1. 下列用户标识符中合法的是（　　　）。
   A. 2name、length1、_e1
   B. m_a、name、#int
   C. m_Name、length1、_name
   D. _name、Gen$2、length1
2. 关于标识符，下列说明错误的是（　　　）。
   A. 标识符可以由字母、数字、下画线组成
   B. 标识符必须由字母、下画线、数字开始
   C. 标识符大小写敏感（不同）
   D. 标识符不可以使用 Python 的关键字
3. 将 Python 中的.py 文件转换为.pyc 文件的组件为（　　　）。
   A. 编辑器
   B. 编译器
   C. 虚拟机
   D. 连接器

（二）填空题

1. Python 由__________、_____和_____三个主要部分组成。
2. Python 程序设计中一行可以写_____条语句，每条语句以_____结束。

3．Python 程序设计的注释是以_____开头的，也可以用_____符号代替注释，注释对程序的执行不起任何作用。

4．编写 Python 语言，其扩展名为_____，编译后生成的文件扩展名为_____。

5．Python 3 的数字类型分为_____、_____、_____、_____等子类型。

6．可以使用_____符号把一行过长的 Python 语句分解成几行。

7．Python 2 中使用_____支持中文编码。

（三）名词解释

1．解释器：_____。

2．编译器：_____。

3．虚拟机：_____。

三、实训任务

任务 1：【安装 Python】

1．从 Python 官方网站下载并安装 Python 3.6 msi 包。

2．安装 Pycharm GUI 开发环境。

3．配置 Python 环境变量，并能成功地在 cmd 命令下进行 Python 的代码运行。

任务 2：【打印】

编写一个简短的程序，打印下列内容：你的姓名、生日以及你最喜欢的颜色。具体格式如下所示：

```
****************************
你的姓名
生日
你最喜欢的颜色
****************************
```

程序编写于下方

任务 3：【求直角三角形的面积】

输入直角三角形的三条边，三条边为整型，计算其面积，结果以浮点型输出。

程序编写于下方

任务 4：【圆形的周长】

输入圆的直径，计算其周长（pi = 3.14）。

程序编写于下方

四、拓展任务

任务 1：【梯形的面积】

输入梯形的上底、下底和高，计算梯形（trapezoid）的面积。

程序编写于下方

任务 2：【菱形的面积】

输入菱形的高和底，计算其面积（公式：菱形面积=底×高）。

程序编写于下方

1.5.2　实训 2：Python 语言入门

一、实训目的

1. 了解值与类型、运算符及不同类型的混合计算。
2. 掌握字符串的连接与倍增。
3. 掌握将数值转换成字符串。
4. 掌握 Python 模块的导入。
5. 能够利用 Python 语言基础编写简单的 Python 代码。

二、单元练习

（一）选择题

1. 下列选项中，不是 int 整型数据的是（　　）。
    A. 160　　　　　　B. 010　　　　　　C. −78　　　　　　D. 0x234
2. 下列选项中，不是实型数据的是（　　）。
    A. 0.0　　　　　　B. 20.12　　　　　C. 20.1e+18　　　　D. 0x234
3. 下面不是 Python 合法的变量名的是（　　）。
    A. int32　　　　　B. 40XL　　　　　C. self　　　　　　D. __name__
4. Python 不支持的数据类型有（　　）。
    A. char　　　　　　B. int　　　　　　C. float　　　　　　D. list
5. 1*50*2.54，结果为（　　）。
    A. 整型　　　　　　B. 布尔型　　　　C. 浮点型　　　　　D. 复数

（二）填空题

1. 若定义 a = 10，执行 print type(a)后，结果为 ＿＿＿＿＿＿＿＿。
2. 若定义 a = 10.0，执行 print type(a)后，结果为 ＿＿＿＿＿＿＿＿。
3. 三种基本的程序设计结构为＿＿＿＿＿＿、＿＿＿＿＿＿和＿＿＿＿＿＿。
4. 圆的面积公式 s = pi*r^2，写成 Python 语言表达式为＿＿＿＿＿＿＿＿＿＿＿＿＿＿。
5. 若定义 a = 97，执行 print('a'+'8'+'3')后，结果为 ＿＿＿＿＿＿＿＿。
6. 若定义 a = 97，执行 print(a+'8'+'3')后，结果为 ＿＿＿＿＿＿＿＿。
7. 若定义 a = 97，执行 print(str(a)+'8'+'3')后，结果为 ＿＿＿＿＿＿＿＿。
8. 若定义 a = 'D'，执行 print(a*10)后，结果为 ＿＿＿＿＿＿＿＿。

（三）名词解释

1. ASCII 编码：＿＿＿＿＿＿＿＿＿＿＿＿＿＿＿＿＿＿＿＿＿＿＿＿＿＿＿＿＿＿。
2. 程序调试：＿＿＿＿＿＿＿＿＿＿＿＿＿＿＿＿＿＿＿＿＿＿＿＿＿＿＿＿＿＿。
3. 软件测试：＿＿＿＿＿＿＿＿＿＿＿＿＿＿＿＿＿＿＿＿＿＿＿＿＿＿＿＿＿＿。
4. 导入模块：＿＿＿＿＿＿＿＿＿＿＿＿＿＿＿＿＿＿＿＿＿＿＿＿＿＿＿＿＿＿。

三、实训任务

任务 1：【Pycharm 中 Python 版本的切换】

请参考 1.2.13 节的两种方法。

任务 2：【换字游戏】

编写一个换字游戏，要求将两个整数 a 和 b 进行交换，然后打印出来。

程序编写于下方

任务 3：【数字合并】

编写程序，将两个整数 a 和 b 合并成一个整数放到 c 里面，并打印出来。

程序编写于下方

任务 4：【随机数的倍增】

用随机数包产生一个 0～20 的随机数（包括小数），再产生一个 10～30 的随机整数作为前面随机数的倍增的量。

程序编写于下方

四、拓展任务

任务 1：【数字合并提高】

编写程序，将两个两位数的整数 a 和 b 合并成一个整数放到 c 里面，合并的方式为：将 a 数的十位和个位数依次放到 c 数的个位和百位上，将 b 数的十位和个位数依次放到 c 数的十位和千位上，并将 c 打印出来。

程序编写于下方

任务 2：【求除数】

导入随机数库包 random，随机生成三个 1～20 的整数 ，将三个数相除，以字符串格式输出。

程序编写于下方

任务 3：【代码版本切换】

用 Python 2 语言完成实训任务中的任务 2 和任务 3。

（1）编写一个换字游戏，要求将两个整数 a 和 b 进行交换，然后打印出来。

程序编写于下方

（2）编写程序，将两个整数 a 和 b 合并成一个整数放到 c 里面，并打印出来。

程序编写于下方

第 2 章 函　　数

🏢 **学习任务**

本章将学习 Python 语言中函数的相关知识。通过本章的学习，读者应对 Python 语言中的函数有一个直观的认识，能够学会函数定义与调用，掌握函数的相关知识点，如形参、实参、返回值，理解函数间参数传递的过程和本质，了解函数与变量的作用域和存储类型。同时通过实例的训练，进一步掌握 Python 的语法规则、书写规则、导入机制、格式化输入和常用运算的使用。

🏢 **知识点**

➢ 函数的定义和调用
➢ 函数的形参、实参、返回值
➢ return 语句
➢ 局部变量与全局变量
➢ 函数的作用域
➢ 模块
➢ 编程缩进格式
➢ 文档字符串
➢ 格式化输出
➢ 内置函数

2.1　案例

2.1.1　案例 1：用函数的方法输出"Hello world!"

```
1    # 函数定义
2    def Hello()
3        print ("Hello world!")
4
5    # 函数调用
6    Hello()
```

案例说明

第 2 行：用 def 关键字定义一个名为 Hello 的函数，该函数没有任何参数。

第 3 行：使用缩进的方法来规定函数体的范围。可以利用 Tab 键或 4 个空格进行缩进。上述缩进表明 print ("Hello world!")属于函数 Hello()的定义内容。

第 6 行：直接调用 Hello()函数，就可以打印出"Hello world!"。如下所示：

Hello world!

2.1.2 案例2：用函数的方法定义正方形的面积

```
1    def calcSquare(x):
2        return x ** 2
3
4    # 调用 calcSquare 函数
5    a = float(input("输入正方形的边长："))
6    Area = calcSquare(a)
7    print("您输入的正方形边长为" + str(a) + "，正方形面积为："+str(Area))
```

案例说明

第 1 行：定义计算正方形面积的函数 calcSquare，形参 x 为正方形边长。

第 2 行：返回 x 的平方。此处，表达式 x**2 表示 x 的 2 次方。

Python 是"先定义再使用"的语言，因此函数的定义要写在前面，函数的调用要写在后面。也就是说，如果第 1~2 行函数定义代码放到第 6 行之后就会出错。

第 6 行：函数定义时允许传递多个参数。上例将边长 a 当作参数传入 calcSquare 函数，于是程序加载 calcSquare 函数并进入函数体运行，直至运行到 calcSquare 函数的 return 语句，返回运算结果，并利用赋值语句 Area =calcSquare(a)，将函数的结果赋值给 Area，然后再执行下面的代码。

第 7 行：打印输出，并利用字符串连接的方式输出相应的结果。此处也可以用格式化输出的方式，修改如下：

print("您输入的正方形边长为" +'{:d}'.format(a) + "，正方形面积为："+'{:d}'.format(Area))

具体的 format 的使用方法请参考第 5 章 5.2.5 字符串格式化（format 函数）中的详细介绍。

> **提示：** 格式化输出有两种，第一种是整数的输出，直接使用"%d"代替可输入十进制数字；第二种是浮点数输出，正常情况下，与整数的输出一样，使用"%f"替换，默认情况下，保留小数点后面 6 位有效数字。其他情况的输出，具体请参照 2.2.9 格式化输出和第 5 章 5.1.2 案例 1：游戏中的字符串格式化及优化的详细介绍。

函数的一个非常重要的作用就是使程序能够模块化，将完成一定功能的代码块放到一个函数中，用户无须关心函数实现的细节，只需要知道函数的功能以及传递的参数，就可以为己所用。在实际使用时，往往可以将函数的定义放到另外的 py 文件中，做出类似工具包的形式，供其他程序调用。

2.1.3 案例3：用函数的方法定义猜字游戏

创建 Game.py，并输入如下代码，创建一个游戏函数包。

```
1    def GuessNumGame(m,n,times):
```

```
2        import random
3        secret = random.randint(m,n)
4        guess = 0
5        tries = 0
6        print ("请你猜一猜从"  +  str(m)  + "到" + str(n)  + ",  会是什么数字? ")
7        print ("你只有" + str(times) + "次机会哦! ")
8        while guess != secret and tries < times:
9            guess = eval (input("请输入你猜的数字: "))
10           if guess == secret:
11               print("猜对了,恭喜你!!!! ")
12               break
13           elif guess < secret:
14               print("太小了!!!!! ")
15           else:
16               print("太大了!!!! !")
17           tries += 1
18       if tries >= times and guess != secret:
19           print("次数用完,很遗憾你没猜中!!!!! ")
20           print(secret)
```

创建 testGame.py, 调用 Game.py 中的 GuessNumGame 函数。

```
1    from Game import *   # 引入 Game.py 中的所有函数
2    # 调用 GuessNumGame 猜字函数
3    x = eval(input("随机数的最小值: "))
4    y = eval(input("随机数的最大值: "))
5    z = eval(input("猜测次数: "))
6    GuessNumGame(x,y,z)
```

案例说明

案例中包括两个文件:Game.py 和 testGame.py。testGame.py 程序将调用 Game.py 中的 GuessNumGame 猜字函数。

testGame.py 的第 1 行:from Game import * 表示从 Game.py 中引入所有函数,其中*代表所有函数。有了这句话,Game.py 中的所有函数就都可以被调用了。需要注意的是,使用 from 引用文件模块时不要有文件名的后缀 ".py",直接写文件名称就可以了。当然,这里也可以不用*,直接指明要调用的函数名。例如:from Game import GuessNumGame。

Game.py 的第 1 行:定义 3 个参数 m,n,times,分别表示随机数的最小值、随机数的最大值、猜测次数。

Game.py 的第 6、7 行:提示用户猜测的数据范围和可以猜测的次数。str()函数将数字转换成字符串。

testGame.py 的第 6 行:直接调用 GuessNumGame 函数,并传递 3 个实参给它,完成一次游戏的全过程。

函数包的使用实现了代码的复用。例如，开发人员写了很多的游戏，并把游戏都放在函数包中，用户可以根据需要调用相应的游戏函数。

2.2 知识梳理

2.2.1 函数的定义和调用

函数是由一段完成某一特定功能且能重复使用的代码组成的，从而达到模块化和提高代码重复利用率的目的。

函数通过接收输入参数，提供输出结果并存储在数据库文件中。Python 提供了很多内置函数，也支持自己创建函数，即用户自定义函数。

函数定义及调用如表 2-1 所示。

表 2-1　函数定义及调用

函 数 定 义	示　　例	函数的调用
def 函数名 (参数列表): 　　函数体	def sumOf(a, b): 　　return a + b	a = 1 b = 2 c = sumOf(a,b) print(str(c))

函数通过关键字 def 定义。def 后跟函数的标识符名称，然后跟一对圆括号，括号中可以放入 0 到多个参数，并用逗号隔开。注意：该行末尾一定要加上冒号。

函数体：由一组语句块组成。

通过给函数的参数赋值，然后调用函数，就可以使用函数返回的数据。

函数名：

（1）函数名必须以下画线或字母开头，可以包含任意字母、数字或下画线的组合，不能使用任何标点符号，空格也不可以；

（2）函数名是区分大小写的；

（3）函数名不能用保留字。

函数形参和实参：定义函数时的参数名称为"形参"，调用函数时传递的值为"实参"。形参存在于函数定义中的时候不占内存地址，而实参是在函数被调用的时候实际存在的参数，是占用内存地址的。

2.2.2 函数的参数

函数的参数分为以下类型。

1. 必需参数

必需参数指的是函数要求传入的参数，调用时必须以正确的顺序传入，并且调用时的数量必须和声明时一致，否则会出现语法错误。

【例 2-1】带必需参数的函数 sayHello

```
1    def sayHello( name):
2        print ("Hello!" + name)
3        return
4
5    # 调用 sayHello 函数
6    sayHello ("DerisWeng")
7    sayHello()
```

调用 sayHello ("DerisWeng")，输出结果如下：

Hello! DerisWeng

调用 sayHello ()，会出现语法错误：

TypeError: sayHello () missing 1 required positional argument: ' name '

2. 默认参数

默认参数指的是当函数中的参数设置了默认值，在调用函数时，如果没有给该参数传递任何值，则函数将会使用默认值。

默认参数格式如下：

def function(ARG=VALUE)

通过使用默认参数，可以使函数的一些参数成为"可选的"。

【例 2-2】带默认参数的函数 sayHello

```
1    def sayHello( name, times = 1):
2        print (("Hello! " + name)* times)
3        return
4
5    # 调用 sayHello 函数
6    sayHello ("DerisWeng")
7    sayHello("DerisWeng",3)
```

调用 sayHello ("DerisWeng") ，输出结果如下：

Hello! DerisWeng

调用 sayHello("DerisWeng",3)，输出结果如下：

Hello! DerisWeng Hello! DerisWeng Hello! DerisWeng

提示： 在声明函数形参时，先声明没有默认值的形参，然后再声明有默认值的形参，即默认值形参必须在非默认值形参之后。下面这么定义是不允许的：

```
def sayHello(times = 1, name):
    print (("Hello! " + name)* times)
    return
```

3. 关键字参数

关键字参数指的是如果某个函数有很多参数，在调用的时候通过参数名来对参数进行赋值，这样就不必担心参数的顺序，使函数变得更加简单，从而提高了程序的可读性。另外，假如其他参数都有默认值，可以只给指定的那些参数赋值。

【例 2-3】使用关键字参数调用函数

```
1   def sayHello( name, times = 1):
2       print (("Hello! " + name)* times)
3       return
4
5   # 调用 sayHello 函数
6   sayHello (name = "DerisWeng")
7   sayHello(times = 4, name = "DerisWeng")
```

调用 sayHello (name="DerisWeng")，输出结果如下：

Hello! DerisWeng

调用 sayHello(times=4, name="DerisWeng")，输出结果如下：

Hello! DerisWeng Hello! DerisWeng Hello! DerisWeng Hello! DerisWeng

4. 不定长参数

不定长参数指的是函数的参数可以根据需要变化个数，这些参数叫作不定长参数。加了星号（*）的变量名会存放所有未命名的变量参数。如果在函数调用时没有指定参数，它就是一个空元组。

【例 2-4】带有不定长参数的函数 sayHello

```
1   def sayHello ( name, *vars ):
2       print ("你好: ")
3       print (name)
4       for var in vars:
5           print (var)
6       return
7
8   # 调用 sayHello 函数
```

9	sayHello("DerisWeng")
10	sayHello("DerisWeng", "好好学习", "天天向上")

调用 sayHello("DerisWeng")，输出结果如下：

你好:
DerisWeng

调用 sayHello(times=4, name="DerisWeng")，输出结果如下：

你好:
DerisWeng
好好学习
天天向上

> **提示**：关于函数的参数需要注意的是，Python 的函数在传递参数时，是按引用传递的方式，也就是说在传递函数时，函数将使用新的变量名来引用原始值。例如：
>
> ```
> def sum(a, b):
>     return a + b
> >>> x,y = 5,10
> >>> sum(x,y)
> ```
>
> 需要注意的是，由于是按引用传递，所以下面的方式将会存在问题：
>
> ```
> def setX(x):
>     x = 5
> >>> m = 10
> >>>setV(m)
> >>>m
> ```
>
> 输出的结果为 10，而不是 5。

5. 匿名函数中的参数

匿名函数指的是不用 def 关键字对函数进行定义，直接使用 lambda 来创建函数。lambda 的主体是一个表达式，而不是一个代码块。lambda 函数拥有自己的命名空间，并且不能访问自己参数列表之外或全局命名空间里的参数。

lambda 函数的语法如下：

lambda [参数 1 [,参数 2,..., 参数 n]]:表达式

【例 2-5】利用 lambda 创建 sum 函数

1	sum = lambda a, b: a + b
2	
3	# 调用 sum 函数
4	print (sum(5, 10))

输出结果如下:

30

【例 2-6】利用 lambda 创建 sayHello 函数

```
1    sayHello= lambda name, times: print (("Hello! " + name)* times)
2
3    # 调用 sum 函数
4    print (sayHello ('Derisweng', 2 ))
```

输出结果如下:

Hello! DerisWeng Hello! DerisWeng

2.2.3　return 语句

return 语句用来返回函数的结果或者退出函数。不带参数值的 return 语句返回 None，带参数值的 return 语句返回的是参数的值。

return 语句可以放在函数体的任何地方，通常放在函数的最后。函数并非一定要包含 return 语句。如果函数没有包含 return 语句，Python 将认为该函数返回的是 None，即 return None。

【例 2-7】return 不为 None 的情况

```
1    def sum(a, b):
2        return a + b
3
4    # 调用 sum 函数
5    total = sum(5,10)
6    print (total)
```

输出结果如下:

15

【例 2-8】return 为 None 的情况

```
1    def sayHello( name):
2        print ("Hello! " + name)
3        return   # 此处 return 可以不用写
```

2.2.4 局部变量与全局变量

1. 局部变量

局部变量是指在函数定义内声明的变量，它们与函数外（即便是具有相同的名称）的其他变量没有任何关系，变量名称对于函数来说是局部的，即变量的作用域只在函数的内部。

【例 2-9】函数内为局部变量

```
1  def sum(a, b):
2      total = a + b    # total 在这里是局部变量
3      print ("函数内是局部变量 ：", total)
4      return total
5
6  # 调用 sum 函数
7  sum(5, 10)
```

输出结果如下：

函数内是局部变量 ：15

2. 全局变量

在函数外部声明的变量称为全局变量，程序中的任何地方都可以读取它。如果需要在函数内部访问全局变量，一般要用到 global 关键字，具体用法如下面的例子所示。

【例 2-10】利用 global 实现函数内访问全局变量

```
1  def showName():
2      global name
3      print("你的姓名： " + name)
4      name = "Weng"
5
6  # 调用 showName 函数
7  name = "Deris"
8  showName ()
9  print("你现在的姓名： " + name)
```

输出结果如下：

你的姓名：Deris
你现在的姓名：Weng

【例 2-11】没有用 global 的情况下，无法在函数内部修改全局变量

```
1    name = "Deris"
2    def sayHello():
3        print ("hello " + name + "!")
4    def changeName(newName):
5        name = newName
6
7    # 调用函数
8    sayHello ()
9    changeName ("Weng")
10   sayHello()
```

输出结果如下：

```
hello Deris!
hello Deris!
```

上例中全局变量 name 的值没有发生改变，原因是 Python 认为 changeName 中的 name 仍然是局部变量，因此需要做如下修改才能实现想要的效果。

【例 2-12】用 global 在函数内部修改全局变量

```
1    name = "Deris"
2    def sayHello():
3        print ("hello " + name + "!")
4    def changeName(newName):
5        global name
6        name = newName
7
8    # 调用函数
9    sayHello ()
10   changeName ("Weng")
11   sayHello()
```

输出结果如下：

```
hello Deris!
hello Weng!
```

2.2.5 函数作用域

Python 使用命名空间的概念存储对象，这个命名空间就是对象的作用域，不同对象存在于不同的作用域。一个变量的作用域是指该变量的有效范围，也就是说该变量在程序中的哪些地方可以访问或者可见。一个变量名可以定义在多个不同的命名空间里，相互无关，并且不会冲突，但是同一个命名空间中不可以有两个相同的变量名。

不同对象的作用域规则如下：

（1）每个模块都有其全局作用域。

（2）函数定义的对象属于局部作用域，只在函数内有效，不会影响全局作用域中的对象。

（3）赋值对象属于局部作用域，除非使用 global 关键字进行声明。

（4）LEGB 规则。具体解释如下：

L——Local(function)，函数内的命名空间。

E——Enclosing function locals，外部嵌套函数的命名空间。

G——Global(module)，函数定义所在模块的命名空间。

B——Builtin(Python)，Python 内置模块的命名空间。

LEGB 规定了查找一个名称的顺序为：Local → Enclosing function locals → Global → Builtin。在查找一个变量时，先局部（Local），再外部嵌套（Enclosing），然后全局（Global），最后内置（Build-in）。如果仍然找不到这个变量名，则引发 NameError 异常。

2.2.6　模块

在第 1 章中已经介绍过 import 导入机制，即利用 import 导入已有的模块。本节将对模块做更加深入的介绍。

模块就是一个包含所有定义的函数和变量的文件，模块必须以.py 为后缀名。模块可以从其他程序中引入（import），引入后就可以用模块中的函数和功能，从而起到代码复用的作用。

1. import

在 Python 程序中导入其他模块使用 import，导入的模块必须在 sys.path 所列的目录中，因为 sys.path 第一个字符串是空串（''）即当前目录，所以程序中可导入当前目录的模块。

2. from … import

如果想直接使用其他模块的变量或函数，而不加"模块名+."前缀，可以使用 from … import。

例如，想直接使用 sys 的 argv，可以用 from sys import argv 或 from sys import *。

3. 模块的__name__

每个模块都有一个名称，py 文件对应的模块名默认为 py 文件名，也可以在 py 文件中为__name__赋值。如果是__name__，说明这个模块被用户单独运行。

4. dir()函数

Python 内置函数 dir()函数非常有用。使用 dir()函数可以查看对象内所有的属性和方法，在 Python 中一切皆是对象，都有自己的属性和方法。

例如，dir(sys)返回 sys 模块的名称列表；如果不提供参数，即 dir()，则返回当前模块中的定义名称列表。

2.2.7 编程缩进格式

函数定义时需要利用缩进格式，所谓缩进是指在代码行开始部分的空格。代码行开头的前导空白用于确定语句的分组，同样缩进级别的语句属于同一语句块。

缩进指在代码行前面添加空格（4 个空格）或 Tab（不建议使用），这样做可以使程序更有层次、更有结构感，从而使程序更易读。

在 Python 程序中，缩进不是任意的，平级的语句行（代码块）的缩进必须相同。

【例 2-13】格式缩进的错误案例

```
1   print('Hello,')
2    print('I am Python')   # 注意，此处特地在前面留了一个空格
```

运行结果报错如下：

```
File "Test2-14.py", line 2
    print('I am Python')
    ^
IndentationError: unexpected indent
```

2.2.8 文档字符串

Python 用三个引号标识文档字符串的开始和结尾。

在函数中，第一行可以作为函数的简要描述。

【例 2-14】三个引号作为函数的简要描述

```
1   import math
2   def area(radius)
3       " " "
4   return the area of circle
5       " " "
6       return math.pi * radius **2
```

优点：当我们在 IDLE 编辑器中调用 area 的时候，IDLE 会自动读取该函数的文档字符串，并将其显示出来，用以提示。

或者，调用 print (area.__doc__)，也可以查看函数的文档字符串。

2.2.9 格式化输出

Python 支持将数据格式化成字符串进行输出，这个功能应用范围很广。常用的格式化功能如下。

基本格式：

Str.format(表达式)

其中，Str 为字符串表达式。

Str.format()方法会返回一个新的字符串，在新的字符串中，原字符串的替换字段被适当格式化后的参数替换，例如：

'我的名字叫 {0}，我今年{1} 岁了，我非常喜欢学习{2}。'.format('小红',28, 'Python')

输出结果为：我的名字叫小红, 我今年 28 岁了，我非常喜欢学习 Python。

关于数据格式化的详细内容将会在第 5 章中进一步说明。

2.2.10 内置函数

Python 也提供了很多的内置函数。

【例 2-15】用 Pow(x,y)计算 x 的 y 次方，等价于 x**y

| 1 | Print (Pow(2,3)) |
| 2 | Print (2**3) |

运行结果报错如下：

```
8
8
```

注意，在定义变量时，应避免用 Python 的内置函数名，否则会出现问题。

【例 2-16】用 Python 的内置函数名定义变量，结果报错

| 1 | dir = 10 |
| 2 | dir() |

运行结果报错如下：

```
Traceback (most recent call last):
File " Test2-16.py", line 2, in <module>
    dir()
TypeError: 'int' object is not callable
```

上述使用将会报错。第一个 dir 指向了一个数字 10，这会导致程序无法访问 dir 原来所指向的函数。如果想恢复，则需要重新启动 Python。

2.3　小结与习题

2.3.1　小结

在第 1 章三个案例的基础上，本章用引入函数的方法来实现三个案例。函数是组织好的、可以重复使用的、用来实现单一或者相关联功能的代码段。函数通过接收输入参数，提供输出结果，并存储在数据库文件中。Python 提供了很多内置函数，也支持自己创建函数，即用户自定义函数。函数参数包括必需参数、默认参数、关键字参数、不定长参数、匿名参数等。函数靠 return 语句来返回结果或者退出函数。

通过本章的学习，读者将对 Python 语言中的函数有一个直观上的认识，不但学会定义函数，还能学会使用函数。同时通过实例的训练，还将学会 Python 的语法规则、书写规则、导入机制、格式化输入和常用运算的使用。

2.3.2　习题

1. 什么是函数？
2. 什么是参数？
3. 如何向函数传递一个参数？
4. 如何向函数传递多个参数？
5. 如何让函数向调用者返回一个值？
6. 变量的作用域是什么？什么是局部变量？什么是全局变量？
7. 如何在函数中使用全局变量？
8. 使用哪个关键字来创建函数？
9. 函数最多可以有多少个参数？
10. 函数运行结束后，函数中的局部变量会发生什么变化？
11. 把第 1 章实训中的练习题改成函数的方式，予以实现。
12. 建立一个函数，可以打印全世界任何人的姓名、出生年月、地址、所在国家。

2.4　课外拓展

1. 模块化设计

模块化设计，简单地说就是程序的编写不是开始就逐条录入计算机语句和指令，而是首先用主程序、子程序、子过程等框架把软件的主要结构和流程描述出来，并定义和调试好各个框架之间的输入、输出链接关系。逐步求精的结果是得到一系列以功能块为单位的算法描述。以功能块为单位进行程序设计，实现其求解算法的方法称为模块化。模块化的目的是降低程序复杂度，使程序设计、调试和维护等操作简单化。

模块化设计是绿色设计方法之一，它已经从理念转变为较成熟的设计方法。将绿色设计思想与模块化设计方法结合起来，可以同时满足产品的功能属性和环境属性，一方面可以缩短产品研发与制造周期，增加产品系列，提高产品质量，快速应对市场变化；另一方面可以减轻或消除对环境的不利影响，方便重用、升级、维修和产品废弃后的拆卸、回收及处理。

2．思想

在设计较复杂的程序时，一般采用自顶向下的方法，将问题划分为几个部分，各个部分再进行细化，直到分解为较好解决的问题为止。

利用函数，不仅可以实现程序的模块化，使得程序设计更加简单和直观，从而提高程序的易读性和可维护性，而且还可以把程序中经常用到的一些计算或操作编写成通用函数，以供随时调用。

3．模块化设计原则

把复杂的问题分解为单独的模块后，称为模块化设计。一般来说，模块化设计应遵循以下几个主要原则：

（1）模块独立

力求以少量的模块组成尽可能多的产品，并在满足要求的基础上使产品精度高、性能稳定、结构简单、成本低廉，模块间的联系尽可能简单。

（2）模块的规模要适当

模块的规模不能太大，也不能太小。如果模块的功能太强，可读性就会较差；如果模块的功能太弱，就会有很多的接口。读者需要通过较多的程序设计来进行经验的积累。

（3）分解模块时要注意层次

在进行多层次任务分解时，要注意对问题进行抽象化。在分解初期，可以只考虑大的模块；在中期，再逐步进行细化，分解成较小的模块进行设计。

（4）模块的系列化

模块系列化的目的在于用有限的产品品种和规格来最大限度又经济合理地满足用户的需求。

4．设计步骤

模块化程序设计可采用以下步骤进行：

（1）分析问题，明确需要完成的任务；

（2）对任务进行逐步分解和细化，分成若干个子任务，每个子任务只完成部分完整功能，并且可以通过函数来实现；

（3）确定模块（函数）之间的调用关系；

（4）优化模块之间的调用关系；

（5）在主函数中进行调用，实现功能。

5．优点

模块化程序设计的基本思想是自顶向下、逐步分解、分而治之，即将一个较大的程序按照功能分割成一些小模块，各模块相对独立、功能单一、结构清晰、接口简单。

模块化程序设计的其他优点如下：

（1）控制了程序设计的复杂性；

（2）提高了代码的重用性；

（3）易于维护和功能扩充；

（4）有利于团队开发。

（来源：百度百科）

2.5 实训

实训：函数

一、实训目的

1. 掌握函数的定义和调用。
2. 学会 Python 的缩进格式。
3. 理解形参、实参、返回值、局部变量与全局变量。
4. 掌握 Python 的常用运算。
5. 掌握 Python 的格式化输出。

二、单元练习

（一）选择题

1. 关于使用函数的目的，以下说明不正确的是（　　）。
     A. 提高程序的执行效率　　　　　　　B. 减少程序文件所占用的内存
     C. 提高程序的可读性　　　　　　　　D. 提高程序的开发效率
2. Python 中缩进（　　）个空格。
     A. 1　　　　　　B. 4　　　　　　C. 6　　　　　　D. 2
3. Q 为局部变量的是（　　）。
     A. Return Q　　　B. def fun(): Q = 1　　　C. Q = 1　　　D. print Q
4. 关于函数名，下列说法正确的是（　　）。
     A. 函数名必须以下画线和数字开头
     B. 函数名可以包含任意字母、数字或下画线的组合
     C. 函数名能使用任何标点符号
     D. 函数名不区分大小写

（二）填空题

1. 以下程序输出结果为 ＿＿＿＿＿＿＿＿＿＿＿＿＿＿。

```
def fun(x, y):
    x = x + y
    y = x - y
    x = x   -y
    print (x,y)


x = 2
y = 3
fun(x,y)
print(x,y)
```

2．以下程序输出结果为_____。

```
def fun2():
    a = 10
    b = 20

a = 3
b = 9
fun2()
print(a,b)
```

3．以下程序输出结果为_____。

```
def func(a, b=3, c=9):
    print ("a is %s, b is %s, c is %s" % (a, b, c))

func(1)
func(1, 5)
func(1, c = 10)
func(c = 20, a = 30)
```

（三）名词解释

1．值传递：_____。

2．地址传递：_____。

3．实参：_____。

4．形参：_____。

三、实训任务

任务 1：【求圆形的面积】

编写一个函数，输入圆形的半径，计算其面积。

程序编写于下方

任务 2：【自编一个函数包，计算正方形的面积】

输入正方形的边长，利用函数包计算正方形的面积，打印出结果。

程序编写于下方

任务 3：【自编一个函数包，计算下面图形的面积】

程序编写于下方

程序编写于下方

程序编写于下方

四、拓展任务

任务：【利用海伦公式求三角形面积】

编写一个程序，利用海伦公式求三角形面积。

海伦公式如下：

$$S = \sqrt{p(p-a)(p-b)(p-c)} \qquad p = \frac{a+b+c}{2}$$

程序编写于下方

第3章 分支与循环

⊞ **学习任务**

本章将学习 Python 语言中的程序流程控制方法，包括顺序、分支与循环三种基本流程。通过本章的学习，读者应熟悉顺序、分支与循环三种基本流程，能够利用 if 分支语句编写代码，掌握 while 循环和 for 循环语句的使用。同时通过实例的训练，熟练掌握 Python 的常用运算，并能够利用流程控制语句解决实际编程问题。

⊞ **知识点**

➢ 常用运算
➢ if 分支语句
➢ while 循环语句
➢ 嵌套和中止循环
➢ for 循环语句

3.1 案例

3.1.1 案例 1：猜字游戏（一次猜字机会）

从本章开始，我们对猜字游戏进行一步一步的分解，先从一次猜字机会开始。
编写一个猜字游戏，要求随机输入一个 1～10 的数字，提供 1 次猜字机会。

```
1    import random
2    secret = random.randint(1,10)
3    guess = 0
4    print("请你猜一猜从 1 到 10，会是什么数字？")
5    print("你只有 1 次机会哦！")
6    guess = eval(input("请输入你猜的数字："))
7    if guess < secret:
8        print ("太小了！！！！！！！！！！")
9    elif guess > secret:
10       print ("太大了！！！！！！！！！！")
11   else:
12       print("恭喜你，猜对了！")
13   print("秘密数字为：" + str(secret))
```

案例说明

第 1~2 行：import 导入随机数据包 random，获取 1~10 的随机数。

第 7 行：利用一组 if…elif…else 语句判断猜测值与随机数三种大小关系，从而给出相应的提示。

第 13 行：显示随机数的值。

注意 if…elif…else 语句的结构，也是通过缩进来判断语句块的归属。第 12 行与第 13 行之间的缩进不同，因此第 13 行已经跳出了 if…elif…else 语句结构。

特别注意：if、elif 和 else 子句的最后都有一个冒号（:），这是 Python 语言比较特殊的语法要求。

3.1.2　案例 2：猜字游戏（多次猜字机会）版本一

案例 1 中只是提供了一次猜字机会，接下来我们对代码进行修改，提供多次猜字机会。

```
1   import random
2   secret = random.randint(1,10)
3   guess = 0
4   tries = 0
5   print ("请你猜一猜从 1 到 10，会是什么数字？")
6   print("你只有 3 次机会哦！")
7   while tries <3:   # 提供 3 次猜字机会
8       guess = eval(input("请输入你猜的数字："))
9       tries = tries +1
10      if guess < secret:
11          print ("太小了！！！！！！！！！！！")
12          continue
13      elif guess > secret:
14          print ("太大了！！！！！！！！！！！")
15          continue
16      else:
17          print("恭喜你，猜对了！")
18          break
19
20  if guess != secret:
21      print("很可惜，你猜错了！")
22  print("正确的数字为：" + str(secret))
```

案例说明

案例 1 程序的功能是输入只能进行一次，不满足"能够多次猜字"的要求。本案例通过循环语句实现多次猜字的功能。

第 4 行：定义 tries 变量来记录用户尝试的次数。每执行一次 while 循环，tries 次数要加

1。如果不这么做，while 将有可能进入死循环。

第 7 行：利用 while 循环语句，控制循环的次数为 3。注意，while 子句最后有一个冒号（：）。

第 7～18 行是 while 循环语句块，缩进格式表明语句块都属于该 while 循环体。

第 20 行：缩进格式变化，表示该行开始不属于 while 循环体。

第 12 行、第 15 行都加入了一个"continue"语句，该语句的作用是结束本次循环，进入下一次循环。这样的话程序可以不用再执行本次循环的其他后续内容，从而提高程序运行的效率。但是此处使用"continue"语句的意义不大，想想是为什么？

案例 2 的目标是用户可以有最多三次输入机会，如果猜对了，程序在第 18 行会给出一个"退出循环"的动作，即 break 语句，利用 break 语句中止 while 循环，从而跳出循环。

3.1.3 案例 3：猜字游戏（多次猜字机会）版本二

案例 2 中用 while 循环语句实现了多次猜字的功能，案例 3 将用另外一个循环语句 for 实现相同的功能。

```
1    import random
2    secret = random.randint(1,10)
3    guess = 0
4    print ("请你猜一猜从 1 到 10，会是什么数字？")
5    print("你只有 3 次机会哦！")
6    for i in range(3):   # 提供 3 次猜字机会
7        guess = eval(input("请输入你猜的数字："))
8        if guess < secret:
9            print ("太小了！！！！！！！！！！")
10           continue
11       elif guess > secret:
12           print ("太大了！！！！！！！！！！")
13           continue
14       else:
15           print("恭喜你，猜对了！")
16           break
17
18   if guess <> secret:
19       print("很可惜，你猜错了！")
20   print("正确的数字为："+str(secret))
```

案例说明

第 6 行：利用函数 range(3)生成一个 1～3 的数字列表。for 循环语句对 range(3)生成的列表进行遍历，因此该循环将执行 3 次。

整个案例中不再需要案例 2 中的 tries 来记录用户尝试过的次数。for 循环语句在执行过程中，将自动对循环的次数进行控制。

3.2　知识梳理

3.2.1　常用运算符

在 Python 程序中经常会遇到各类运算符的使用，Python 语言支持的运算符种类很多，包括算术运算符、关系运算符、逻辑运算符、赋值运算符、位运算符、成员运算符、身份运算符等。

1. 算术运算符

Python 中的算术运算符如表 3-1 所示。

表 3-1　Python 中的算术运算符

运　算　符	描　　　　述
+	两个对象相加
-	得到负数或是两个数相减
*	两个数相乘或是返回一个被重复若干次的字符串
/	两个数相除
%	取模，返回除法的余数
**	幂：x**y，返回 x 的 y 次幂
//	取整除，返回商的整数部分

【例 3-1】算术运算符

```
1    x, y = 35, 10
2    s = 0
3
4    print("x = {0}, y = {1}".format(x,y))
5    s = x + y
6    print("s = x + y, s=", s)
7
8    s = x - y
9    print("s = x  -  y,s=", s)
10
11   s = x * y
12   print("s = x * y, s=", s)
13
14   s = x / y
15   print("s = x / y, s=", s)
16
```

```
17    s = x % y
18    print("s = x % y, s=", s)
19
20    a, b = 3, 4
21    print("a = {0}, b = {1}".format(a,b))
22    c = a ** b
23    print("c = a**b, c=", c)
24
25    a, b = 26, 7
26    c = a // b
27    print("c = a//b, c=", c)
28
```

以上实例输出结果如下：

```
x = 35, y = 10
s = x + y, s= 45
s = x  -  y, s= 25
s = x * y, s= 350
s = x / y, s= 3.5
s = x % y, s= 5
a = 3, b = 4
c = a**b, c= 81
c = a//b, c= 3
```

2. 关系运算符

Python 中的关系运算返回的结果都是布尔值：True（真）或 False（假）。Python 中的关系运算符如表 3-2 所示。

表 3-2　Python 中的关系运算符

运　算　符	描　　　述
==	等于
!=	不等于
>	大于
<	小于
>=	大于或等于
<=	小于或等于

提示：

a!=b 支持 Python 2 和 Python 3；a<>b 支持 Python 2，但不支持 Python 3。

【例 3-2】关系运算符

```
1   x, y = 35, 10
2   print("x = {0}, y = {1}".format(x, y))
3
4   print("x == y, 关系运算结果为: ", x == y)
5   print("x != y, 关系运算结果为: ", x != y)
6   print("x >  y, 关系运算结果为: ", x > y)
7   print("x <  y, 关系运算结果为: ", x < y)
8   print("x >= y, 关系运算结果为: ", x >= y)
9   print("x <= y, 关系运算结果为: ", x <= y)
```

以上实例输出结果如下:

```
x = 35, y = 10
x == y, 关系运算结果为:    False
x != y, 关系运算结果为:    True
x >  y, 关系运算结果为:    True
x <  y, 关系运算结果为:    False
x >= y, 关系运算结果为:    True
x <= y, 关系运算结果为:    False
```

3. 逻辑运算符

Python 中的逻辑运算返回的结果比较特别，但是可以放在条件语句中作为布尔判断，非零则为 True（真），否则为 False（假）。Python 中的逻辑运算符如表 3-3 所示。

表 3-3　Python 中的逻辑运算符

运　算　符	逻辑表达式	描　　述
and	x and y	布尔"与"
or	x or y	布尔"或"
not	not x	布尔"非"

【例 3-3】逻辑运算符

```
1   x, y = 35, 10
2   print("x = {0}, y = {1}".format(x,y))
3
4   print("x and y, 逻辑运算结果为: ", x and y)
5   print("x or y, 逻辑运算结果为: ", x or y)
6   print(" not x, 逻辑运算结果为: ", not x)
```

以上实例输出结果如下:

x = 35, y = 10

x and y, 逻辑运算结果为: 10

x or y, 逻辑运算结果为: 35

not x, 逻辑运算结果为: False

4. 赋值运算符

Python 中的赋值运算符如表 3-4 所示。

表 3-4　Python 中的赋值运算符

运 算 符	描 述	实 例
=	简单的赋值运算符	x = y，将 y 赋值给 x
+=	加法赋值运算符	x += y，等效于 x = x + y
-=	减法赋值运算符	x -= y，等效于 x = x - y
*=	乘法赋值运算符	x *= y，等效于 x = x * y
/=	除法赋值运算符	x /= y，等效于 x = x / y
%=	取模赋值运算符	x %= y，等效于 x = x % y
**=	幂赋值运算符	x **= y，等效于 x = x ** y
//=	取整除赋值运算符	x //= y，等效于 x = x // y

【例 3-4】赋值运算符

```
1    x, y = 10, 2
2    print("x = {0}, y = {1}".format(x, y))
3    x = y
4    print("x = y,   x=", x)
5    x, y = 10, 2
6    x += y
7    print("x += y, x=", x)
8    x, y = 10, 2
9    x -= y
10   print("x -= y, x=", x)
11   x, y = 10, 2
12   x *= y
13   print("x *= y, x=", x)
14   x, y = 10, 2
15   x /= y
16   print("x /= y, x=", x)
17   x, y = 10, 2
18   x %= y
19   print("x %= y, x=", x)
```

20	x, y = 10, 2
21	x **= y
22	print("x **= y, x=", x)
23	x, y = 10, 2
24	x //= y
25	print("x //= y, x=", x)

以上实例输出结果如下：

```
x = 10, y = 2
x = y,   x= 2
x += y, x= 12
x -= y, x= 8
x *= y, x= 20
x /= y, x= 5.0
x %= y, x= 0
x **= y, x= 100
x //= y, x= 5
```

5. 位运算符

位运算符是把数字看作二进制来进行计算的。Python 中的位运算符如表 3-5 所示。

表 3-5　Python 中的位运算符

运　算　符	描　　述
&	按位与运算符：参与运算的两个值，如果两个相应位都为 1，则该位的结果为 1，否则为 0
|	按位或运算符：只要对应的两个二进制位有一个为 1，结果位就为 1
^	按位异或运算符：当两个对应的二进制位相异时，结果为 1
~	按位取反运算符：对数据的每个二进制位取反，即把 1 变为 0，把 0 变为 1
<<	左移动运算符：运算数的各二进制位全部左移若干位，由 "<<" 右边的数指定移动的位数，高位丢弃，低位补 0
>>	右移动运算符：把 ">>" 左边的运算数的各二进制位全部右移若干位，">>" 右边的数指定移动的位数

例【3-5】位运算符

1	a = 9 # 9 = 0000 1001
2	b = 3 # 3 = 0000 0011
3	c = 0
4	c = a & b # 1 = 0000 0001
5	print("a & b =", c)

```
6
7    c = a | b   # 11 = 0000 1011
8    print("a | b=", c)
9
10   c = a ^ b   # 10 =0000 1010
11   print("a ^ b=", c)
12
13   c = ~a    # -10 = 1111 0110
14   print("~a;=", c)
15
16   c = a << 2   # 36 = 0010 0100
17   print("a << 2=", c)
18
19   c = a >> 2   # 2 = 0000 0010
20   print("a >> 2=", c)
```

以上实例输出结果如下：

```
a & b= 1
a | b= 11
a ^ b= 10
~a;= -10
a << 2= 36
a >> 2= 2
```

6. 成员运算符

除了以上的一些运算符，Python 还支持成员运算符，如表 3-6 所示。测试实例中包含了一系列的成员，包括字符串、列表和元组。

表 3-6　Python 中的成员运算符

运　算　符	描　　述
in	如果在指定的序列中找到值返回 True，否则返回 False
not in	如果在指定的序列中没有找到值返回 True，否则返回 False

例【3-6】成员运算符

```
1    a = 6
2    clist = [1, 2, 3, 4, 5]
3    print(a in clist)
4    print(a not in clist)
```

以上实例输出结果如下：

```
False
True
```

7. 身份运算符

身份运算符用于比较两个对象的存储单元。Python 中的身份运算符如表 3-7 所示。

表 3-7　Python 中的身份运算符

运　算　符	描　　述
is	判断两个标识符是不是引用自一个对象
is not	判断两个标识符是不是引用自不同对象

例【3-7】身份运算符

```
1    a, b = 6, 10
2    print(a is b)
3    print(a is not b)
4    print(id(a) == id(b) )        # id 方法的返回值就是对象的内存地址
5
6    b = 6
7    print(id(a) == id(b) )        # id 方法的返回值就是对象的内存地址
```

注：id() 函数用于获取对象的内存地址。

以上实例输出结果如下：

```
False
True
False
True
```

is 用于判断两个变量的引用对象是否为同一个，== 用于判断引用变量的值是否相等。

例【3-8】is 与 == 的区别

```
1    a = [1, 2, 3, 4]
2    b = a
3    print(a is b)
4    print(a == b)
5    print(id(a) == id(b))        # id 方法的返回值就是对象的内存地址
6
7    b = a[:]                      # 利用切片进行浅复制
```

8	print(a is b)	
9	print(a == b)	
10	print(id(a) == id(b))	# id 方法的返回值就是对象的内存地址

以上实例输出结果如下：

```
True
True
True
False
True
False
```

8. 运算符优先级

以下按从高到低的顺序列出了所有运算符的优先级，如表 3-8 所示。

表 3-8 运算符的优先级（从高到低）

运　算　符	描　　述
**	指数
~、+、-	按位翻转，一元加号和减号
*、/、%、//	乘、除、取模和取整除
+、-	加法、减法
>>、<<	右移、左移运算符
&	位与运算符
^ 、|	异或、位或运算符
<=、<、>、>=	比较运算符
<>、==、!=	等于运算符
=、%=、/=、//=、-=、+=、*=、**=	赋值运算符
is、is not	身份运算符
in、not in	成员运算符
and、or、not	逻辑运算符

另外，可以使用括号()来处理优先级，括号内的数据优先处理，括号可以嵌套使用。

3.2.2　if 语句

Python 的条件语句是通过一条或多条语句的执行结果（True 或 False）来决定执行的代码块。条件分支可以采用 if 语句，具体的语法有如下几种形式。

1. 简单 if 语句

程序流程图	代 码 结 构
	if 表达式 A： 表达式为真则执行语句块 A

说明：

表达式 A 用来确定程序的流程。若表达式 A 为真，即表达式 A 的计算结果为"非 0"或是布尔量"True"，则执行语句块 A。

每个条件后面都要使用冒号（：），表示接下来是满足条件后要执行的语句块。

使用缩进来划分语句块，相同缩进数的语句在一起组成一个语句块。

【例 3-9】从键盘输入一个字母，对输入内容进行转化，最终以小写字母输出

程序流程图	代 码 实 现
	ch = input("请输入一个字母") if (ch>'A' and ch < 'Z'): 　　　ch = ch + 32 print ("输出结果为：" + ch)

2. If…else 语句

If…else 语句表达的含义是：如果……否则。

程序流程图	代码结构

| | if 表达式 A：
　　表达式为真则执行语句块 A
else：
　　表达式为假则执行语句块 B |

说明：

在 if…else 结构中，若表达式 A 为真，则执行语句块 A；否则执行语句块 B。

在 if 语句中，else 代码块是可选的，可以根据具体情况决定是否包含它。

Python 的一个与众不同的地方，就是使用缩进来标识代码块。在 Python 中多一个或少一个空格都可能导致错误，因此，要求在同一个代码块中，所有语句的缩进量必须相同。

【例 3-10】输入一个正整数，判断该数是奇数还是偶数

程序流程图	代 码 实 现

```
n = input("请输入一个正整数")
if int(n)%2==0:
    print ("您输入的整数"+n+"为偶数")
else:
    print ("您输入的整数"+n+"为奇数")
```

3．if…elif…else 结构：用来进行多重分支的选择

程 序 流 程 图	代 码 结 构
	if 表达式 A： 　　表达式为真则执行语句块 A elif 表达式 B： 　　表达式为真则执行语句块 B …其他 elif… else： 　　则执行语句块 X

在 if…elif…else 结构中，若表达式 A 为真，则执行语句块 A；

若表达式 A 为 "0" 或 "False"，则进入下一个分支，计算表达式 B；

若 B 为 "非 0" 或 "True"，则执行语句块 B；若所有条件都不满足则执行语句块 X。

【例 3-11】英语成绩判断

1	grade = int(input("请输入你的英语成绩: "))
2	if grade < 0 or grade >100:
3	print("输入错误!")
4	elif grade >= 90 :
5	print("你的成绩为优秀! ")
6	elif grade >= 80 :
7	print("你的成绩为良好! ")
8	elif grade >= 70 :
9	print("你的成绩为中等! ")
10	elif grade >= 60 :
11	print("你的成绩为及格! ")
12	else:
13	print("你的成绩为不及格! ")

以上实例输出结果如下：

请输入你的英语成绩: 85
你的成绩为良好!

4．if 语句的嵌套

可以根据实际程序的要求，把 if...elif...else 结构放在另一个 if...elif...else 结构中，即 Python 支持 if 语句的嵌套。

程序流程图	代码结构
	if 表达式 A： 　　执行语句块 A 　　if 表达式 B： 　　　　执行语句块 B 　　elif 表达式 C： 　　　　执行语句块 C 　　else： 　　　　执行语句块 D elif 表达式 E： 　　执行语句块 E else： 　　执行语句块 F

【例 3-12】输入一个数，判断它是否能被 2 和 3 整除

```
1    num=int(input("输入一个数字："))
2    if num%2==0:
3        if num%3==0:
4            print ("你输入的数字可以被2和3整除")
5        else:
6            print ("你输入的数字可以被2整除，但不能整除被3整除")
7    else:
8        if num%3==0:
9            print ("你输入的数字可以被3整除，但不能被2整除")
10       else:
11           print    ("你输入的数字不能被2和3整除")
```

以上实例输出结果如下：

```
输入一个数字：12
你输入的数字可以被2和3整除
```

> **提示：** if/elif 语句是 if 语句的扩充形式，它包含多个条件，用于复杂的条件判断。可以根据需要使用任意多个 elif 语句块。

3.2.3 while 循环

while 循环基本格式如下：

程序流程图	代码结构
	while 条件表达式： 　# 表达式为真则执行语句 1～语句 n 　语句 1 　语句 2 　… 　语句 n 其他语句

在 while 循环语句中：

➤ 若条件表达式为真，即条件表达式计算结果为"非 0"或是布尔量"True"，则执行语句块（1～n）。

➤ 然后再次计算条件表达式并根据计算的结果，决定是否再次执行语句块（1～n）。

➤ 如此往复循环，直至计算条件表达式的值为"0"或是布尔量"False"。

➤ 使用格式上要注意条件表达式后面的冒号"："和语句块（1～n）的缩进格式。

➤ 若循环体执行过程中出现 break 语句则循环中止；若循环是嵌套的，那么 break 只中止所在层的循环。

➤ 在 Python 中没有 do…while 循环。

下面的代码段分别演示了循环的几种使用方式。

1. 确定循环次数，利用循环变量的方式

【例 3-13】计算 1 到 100 的总和

1	sum = 0
2	i= 1
3	while i <= 100:
4	sum = sum + i
5	i += 1

| 6 | print("1 到 100 之和为: %d" % (sum)) |

以上实例输出结果如下:

1 到 100 之和为：5050

2. 循环次数不定，直至表达式为"0"或"False"

【例 3-14】根据输入的数字，求出它的所有因子

1	j = 2
2	i = eval(input("请输入一个整数："))
3	answer = "它的所有因子为："
4	while i > j:
5	if i % j == 0:
6	answer += str(j) + ","
7	j += 1
8	print(outStr)

以上实例输出结果如下:

请输入一个整数：12
它的所有因子为：2,3,4,6,

这个小程序输入变量 i 的值以后，求出 i 的所有因子，其特点是循环开始时并不知道循环的次数，一切由条件决定。

【例 3-15】用 while 语句在屏幕中打印出数字 0～9

1	i = 0
2	while i < 10:
3	print (i)
4	i = i + 1 # i 的值不断递增，从而确保循环能够终止

3. 通过设置条件表达式永远不为"False"来实现无限循环

【例 3-16】无限循环

1	while 1 == 1 : # 表达式永远成立
2	num = int(input("输入一个数字："))
3	print ("你输入的数字是：", num)
4	print ("再见!")

可以单击 Pycharm 中的停止按钮来退出当前的无限循环。无限循环在服务器上客户端的实时请求中比较常用，但是在平时的程序中一定要慎重使用。

4. while 循环使用 else 语句

在 while…else 结构中，当条件语句为 False 时执行 else 的语句块。

【例 3-17】while…else 条件语句

1	count = 0
2	while count < 5:
3	print (count, " 小于 5")
4	count = count + 1
5	else:
6	print (count, " 大于或等于 5")

以上实例输出结果如下：

```
0  小于 5
1  小于 5
2  小于 5
3  小于 5
4  小于 5
5  大于或等于 5
```

5. 简单语句组

如果 while 循环体中只有一条语句，可以将该语句与 while 写在同一行中。

【例 3-18】简单语句组

1	while 1==1: print ('Hello Derisweng!')

结果将打印出无数遍的"Hello Derisweng!"。

3.2.4　嵌套和中止循环

循环可以嵌套，并可利用 break 中止循环的流程。

【例 3-19】求 20 以内的所有质数（素数）

```
1    i = 2
2    while i < 21:                # 表示求质数的范围是 2～21
3        j = 2                    # 对于每个 i 因子，都从 2 开始计算
4        while j < i / 2:         # 如果在 2～i/2 的范围内有将 i 整除的数，则 i 不是质数
5            if i % j ==0:
6                break            # 若已经整除就没有必要测试其他因子了，终止循环
7            j += 1
8        if j >= i / 2:
9    # 如果关于 j 的循环都已经进行完毕，说明在 2～i/2 范围内无因子，i 是质数
10            print(i ,'是质数')
11        i +=1
```

以上实例输出结果如下：

```
2  是质数
3  是质数
4  是质数
5  是质数
7  是质数
11  是质数
13  是质数
17  是质数
19  是质数
```

需要注意的是程序中的这两句：

```
if j >= i/2:
    print (i+'是质数')
```

这两句实际是对循环"while j<i/2:"中条件的再次利用，若循环正常执行完了，则 j 的值必然大于或等于 i/2；如果在"while j<i/2:"循环过程中执行了"break"，那么 j 的值将小于 i/2。

break 语句可以从循环语句的循环体内跳出循环。

continue 语句仅仅是从循环语句的循环体内跳到下一个迭代中。

3.2.5　for 循环

在访问列表的过程中使用了一种新的循环形式 for，在 Python 中 for 语句经常用来遍历一个集合中的所有元素，请看下面几种形式。

1. 用 for 遍历列表

for rec in My_list

循环体 LB

这种形式已经见过，My_list 是一个列表，按元素索引顺序将元素依次赋值给 rec，如果 My_list 列表中有 N 个元素，则 for 的循环体 LB 也将执行 N 次，同时，可以利用 rec 在循环体中遍历 My_list。

2．range()

for i in range(N)
循环体 LB

这种形式的循环是一个变体，因为函数 range(N)的意义在于生成一个 1～N 的数字列表。也可以通过指定 range 的范围生成数字列表，如下所示。

for i in range(N, M)的范围是从 N 到 M，其中 i 的取值范围是[N,M]。

range(a, b, c)的含义是从 a 开始，步长为 c，结束值小于 b。

【例 3-20】用 for 语句在屏幕中打印出数字 0～9

1	for i in range(10):　　　# 默认情况下，初始值为 0
2	print (i)

【例 3-21】如果默认值想从 1 开始，可以用如下方法

1	for i in range(1,10):　　# 从 1 开始，打印到 9
2	print (i)

【例 3-22】如果要打印 1～10，方法如下

1	for i in range(1,11):　　# 从 1 开始，打印到 10
2	print (i)

或者

1	for i in range(10):
2	print (i+1)　　　　# 在循环体内给 i 加 1

【例 3-23】如果按相反的顺序打印数字，方法如下

1	for i in range(10,0,-1):
2	print (i)

在 range(10,0,-1)中，第一个参数 10 和第二个参数 0 指明了数字的范围，第三个参数-1 表示步长。

当然还有另一种方法：

| 1 | for i in range(10): |
| 2 | print (10-i) |

> **提示：**
>
> 如果用 for 做循环，需要利用 range 函数构造一个列表，从这个角度看用 for … in … range()做单纯循环的效率相比 while 来说是比较低的。
>
> 为了解决这个问题，对单纯的循环可以使用 xrange（xrange 在 Python 3 中不再使用），例如：
>
> for i in xrange(1,100)
>
> xrange(1,100)产生一个 1～100 的循环范围，而不产生列表，这样就提高了效率。所以若只需要产生循环范围，就应该用 for…in… xrange()循环。

3.3 小结与习题

3.3.1 小结

本章通过 if 语句的条件分支和 while 循环分别实现了猜字游戏的一种和多种玩法。在 Python 程序中经常会遇到各类运算符的使用，Python 语言支持的运算符种类很多，包括算术运算符、关系运算符、逻辑运算符、赋值运算符、位运算符、成员运算符、身份运算符等。在程序控制流程方面介绍了分支和循环，以及嵌套和中止循环等相关的知识。

通过本章的学习，读者将学会 Python 语言中分支和循环的使用。不但学会利用 if 语句确定程序流程，还能学会利用 while 进行循环和利用 for 遍历集合。同时通过实例的训练，将学会 Python 的循环嵌套、利用 break 中止循环的流程，以及一些常用运算符的使用。

3.3.2 习题

1. 打印一个左对右的"九九表"。
2. 请填写下面的表格，完成基本逻辑运算符的真值表。

m	n	m == n	m != n	m and n	m or n	not m
False	False					
False	True					
True	False					
True	True					

3. 执行下面的布尔表达式，并写出运行结果。

（1）带括号的布尔表达式：

>>> not (True and True)

>>> not (True and (False or True))

>>> not (True or (False or True))

（2）不带括号的布尔表达式：

>>> not True and False or True

>>> True or False or True or False

>>> False and not False or True

>>> False and False or True

4. 输入一个三角形的三条边，并判断该三角形是否为等腰三角形。

5. 编写程序，输入两个整数，并将这两个整数按从小到大的顺序输出。

3.4 课外拓展

Pycharm 常用快捷键一览表。

1. 编辑（Editing）

快 捷 键	功 能 说 明	快 捷 键	功 能 说 明
Ctrl + Space	基本的代码完成	Ctrl + Shift + W	回到之前的状态
Ctrl + Alt + Space	快速导入任意类	Ctrl + Shift +]/[	选定代码块结束/开始
Ctrl + Shift + Enter	语句完成	Alt + Enter	快速修正
Ctrl + P	参数信息（在方法中调用参数）	Ctrl + Alt + L	代码格式化
Ctrl + Q	快速查看文档	Ctrl + Alt + O	优化导入
Shift + F1	打开外部文档，进入 Web 文档主页	Ctrl + Alt + I	自动缩进
Ctrl + F1	显示错误描述或警告信息	Tab / Shift + Tab	缩进/不缩进当前行
Alt + Insert	自动生成代码	Ctrl+X/Shift+Delete	剪切当前行或选定的代码块到剪贴板
Ctrl + O	方法重载	Ctrl+C/Ctrl+Insert	复制当前行或选定的代码块到剪贴板
Ctrl + Alt + T	选中	Ctrl+V/Shift+Insert	从剪贴板粘贴
Ctrl + /	行注释/取消行注释	Ctrl + Shift + V	从最近的缓冲区粘贴
Ctrl + Shift + /	块注释	Ctrl + D	复制选定的区域或行
Ctrl + W	选中增加的代码块	Ctrl + Backspace	删除整个字符
Ctrl + Y	删除选定的行	Ctrl+ Numpad+/-	展开/折叠代码块（当前位置为函数、注释等）
Ctrl + Shift + J	添加智能线	Ctrl + Shift + Numpad+/-	展开/折叠所有代码块
Ctrl + Enter	智能线切割	Ctrl + F4	关闭运行的选项卡
Shift + Enter	另起一行	Ctrl + Delete	删除到字符结束

快　捷　键	功　能　说　明	快　捷　键	功　能　说　明
Ctrl + Shift + U	在选定的区域或代码块间切换		

2. 查找/替换（Search/Replace）

快　捷　键	功　能　说　明	快　捷　键	功　能　说　明
F3	下一个	Shift + F3	前一个
Ctrl + R	替换	Ctrl + Shift + F	或者连续两次单击 Shift 键进行全局查找（可以在整个项目中查找某个字符串，如查找某个函数名字符串）
Ctrl + Shift + R	全局替换		

3. 运行（Running）

快　捷　键	功　能　说　明	快　捷　键	功　能　说　明
Alt + Shift + F10	运行模式配置	Alt + Shift + F9	调试模式配置
Shift + F10	运行	Shift + F9	调试
Ctrl + Shift + F10	运行编辑器配置	Ctrl + Alt + R	运行 manage.py 任务

4. 调试（Debugging）

快　捷　键	功　能　说　明	快　捷　键	功　能　说　明
F8	跳过	F7	进入
Shift + F8	退出	Alt + F9	运行游标
Alt + F8	验证表达式	Ctrl + Alt + F8	快速验证表达式
F9	恢复程序	Ctrl + F8	断点开关
Ctrl + Shift + F8	查看断点		

5. 搜索相关（Usage Search）

快　捷　键	功　能　说　明	快　捷　键	功　能　说　明
Alt + F7/Ctrl + F7	文件中查询用法	Ctrl + Shift + F7	文件中用法高亮显示
Ctrl + Alt + F7	显示用法		

6. 导航（Navigation）

快　捷　键	功　能　说　明	快　捷　键	功　能　说　明
Ctrl + N	跳转到类	Ctrl + Shift + N	跳转到符号
Alt + Right/Left	跳转到下一个、前一个编辑的选项卡	F12	回到先前的工具窗口
Esc	从工具窗口回到编辑窗口	Shift + Esc	隐藏运行的、最近运行的窗口
Ctrl + Shift + F4	关闭主动运行的选项卡	Ctrl + G	查看当前行号、字符号

快 捷 键	功 能 说 明	快 捷 键	功 能 说 明
Ctrl + E	当前文件弹出，打开最近使用的文件列表	Ctrl+Alt+Left/Right	后退/前进
Ctrl+Shift+Backspace	导航到最近的编辑区域	Alt + F1	查找当前文件或标识
Ctrl+B / Ctrl+Click	跳转到声明	Ctrl + Alt + B	跳转到实现
Ctrl + Shift + I	查看快速定义	Ctrl + Shift + B	跳转到类型声明
Ctrl + U	跳转到父方法、父类	Alt + Up/Down	跳转到上一个/下一个方法
Ctrl +]/[	跳转到代码块结束/开始	Ctrl + F12	弹出文件结构
Ctrl + H	类型层次结构	Ctrl + Shift + H	方法层次结构
Ctrl + Alt + H	调用层次结构	F2 / Shift + F2	下一条/前一条高亮的错误
F4 / Ctrl + Enter	编辑资源/查看资源	Alt + Home	显示导航条 F11 书签开关
Ctrl + Shift + F11	书签助记开关	Ctrl + #[0-9]	跳转到标识的书签
Shift + F11	显示书签		

7. 重构（Refactoring）

快 捷 键	功 能 说 明	快 捷 键	功 能 说 明
F5/F6	复制、剪贴	Alt + Delete	安全删除
Shift + F6	重命名	Ctrl + F6	更改签名
Ctrl + Alt + N	内联	Ctrl + Alt + M	提取方法
Ctrl + Alt + V	提取属性	Ctrl + Alt + F	提取字段
Ctrl + Alt + C	提取常量	Ctrl + Alt + P	提取参数

8. 控制 VCS/Local History

快 捷 键	功 能 说 明	快 捷 键	功 能 说 明
Ctrl + K	提交项目	Ctrl + T	更新项目
Alt + Shift + C	查看最近的变化	Alt + BackQuote(')	VCS 快速弹出

9. 模版（Live Templates）

快 捷 键	功 能 说 明	快 捷 键	功 能 说 明
Ctrl + Alt + J	当前行使用模版	Ctrl + J	插入模版

10. 基本（General）

快 捷 键	功 能 说 明	快 捷 键	功 能 说 明
Alt + #[0-9]	打开相应的工具窗口	Ctrl + Alt + Y	同步
Ctrl + Shift + F12	最大化编辑开关	Alt + Shift + F	添加到最喜欢
Alt + Shift + I	根据配置检查当前文件	Ctrl + BackQuote(')	快速切换当前计划
Ctrl + Alt + S	打开设置页	Ctrl + Shift + A	查找编辑器里所有的动作
Ctrl + Tab	在窗口间进行切换		

3.5 实训

3.5.1 实训1：分支

一、实训目的

1. 熟练使用 Python 的常用运算符。

2. 利用 if 分支语句编写 Python 代码。

二、单元练习

（一）选择题

1. 下列选项中，当 x 为大于 1 的奇数时，运算结果为 0 的表达式是（　　）。

  A．x%2==1　　　　　　　　B．x/2

  C．x%2!=0　　　　　　　　D．x%2==0

2. 在嵌套使用 if 语句时，Python 语言规定 else 总是（　　）。

  A．和之前与其具有相同缩进位置的 if 相匹配

  B．和之前与其最近的 if 相匹配

  C．和之前的第一个 if 配对

  D．和之前与其最近且不带 else 的 if 配对

3. 下列 Python 语句正确的是（　　）。

  A．min = x if x < y else y

  B．max = x > y ? x : y

  C．if (x > y) print x

  D．if 1>2: print("hello")

（二）填空题

1. 写出下列表达式的值，设 a=3，b=4，c=5：

表　达　式	值
a+b>c and b==c	
not(a>b) and not c or 1	
a<c and c<b	
a<c<b	
a<b or c<b	

2. 在算术运算符（+、-、*、/、%）、关系运算符（　　）、逻辑运算符（　　）和赋值运算符（　　）中，运算优先级最高的运算符是_____，最低的运算符是_____。

3. 判断一个字符是数字字符的条件表达式为_____。

4. 判断一个字符是字母的条件表达式为_____。

5. 在 Python 语言中，用_____表示逻辑"真"，用_____表示逻辑"假"。

三、实训任务

任务 1：【猜字游戏】

编写一个猜字游戏，要求随机输入一个 0~10 的数字，提供 1 次猜字机会。

程序编写于下方

任务 2：【学生成绩等级评定】

根据学生考试成绩确定成绩等级，成绩与等级的对应关系如下表所示。

成绩（score）	等级（level）
score>= 90	A
80<=score<90	B
70<=score<80	C
60<=score<70	D
Score<60	E

程序编写于下方

任务 3：【输入字符判断】

从键盘输入一个字符，判断该字符是数字、字母、空格还是其他。

程序编写于下方

任务 4：【身体质量指数判断】

身体质量指数（BMI）是指用体重（单位：kg）除以身高（单位：m）的平方得出的数字，它是目前国际常用的衡量人体胖瘦程度以及是否健康的一个标准，具体如下。

BMI 值	< 18.5	18.5～24.9	25.0～29.9	>29.9
身体情况	消瘦	正常	超重	肥胖

程序编写于下方

任务 5：【企业发放奖金判断】

企业发放的奖金根据利润提成。利润（I）低于或等于 10 万元时，奖金可提 10%；利润高于 10 万元、低于 20 万元时，低于 10 万元的部分按 10%提成，高于 10 万元的部分可提成 7.5%；利润在 20 万元到 40 万元之间时，高于 20 万元的部分可提成 5%；利润在 40 万元到 60 万元之间时，高于 40 万元的部分可提成 3%；利润在 60 万元到 100 万元之间时，高于 60 万元的部分可提成 1.5%；利润高于 100 万元时，超过 100 万元的部分按 1%提成。从键盘输入当月利润 I，求应发放的奖金总数。

程序编写于下方

任务 6：【月份判断】

使用 if 结构写一个程序，判断输入的月份应该有多少天（2 月定为 28 天）。

程序编写于下方

四、拓展任务

任务 1：【验证码】

一般网站在登录时，都会进行"验证码"输入。在输入验证码字符时，无论用户输入的是大写字母还是小写字母，验证时都会忽略大小写的差异，认为是相同的字符。这说明系统已经对验证码中的字符和用户输入的字符进行了大小写转换，然后进行匹配。那么这种转换是如何实现的呢？请编程实现"从键盘输入一组字符，无论大小写，都转换成小写形式输出"。

程序编写于下方

任务 2：【商品促销】

某商场采用购物打折的方式进行促销，具体促销方式如下。

购 买 金 额	折 扣
1000 元及以上	九折
2000 元及以上	八折
3000 元及以上	七折

请编写程序，当输入顾客实际购物金额后，计算并输出优惠价。

程序编写于下方

任务 3：【闰年】

输入一个年份，求它是否是闰年。闰年的条件是：能被 4 整除不能被 100 整除或者能被 400 整除（y%4==0 and y%100 != 0 or y%400 == 0）。

程序编写于下方

任务 4：【月份判断】

使用 if 结构写一个程序，判断输入的月份应该有多少天（2 月根据是否为闰年判断是 28 天还是 29 天）。

程序编写于下方

3.5.2 实训 2：循环

一、实训目的

1．掌握 while 循环语句的使用方法。

2．掌握 for 循环语句的使用方法。

3．能够利用流程控制语句解决实际编程问题。

二、单元练习

（一）填空题

1．如果循环无休止地进行下去，这种状态称为_____。

2．使用循环输出 1 2 3 4 5 6 8 9 10，填写下面的空白。

```
count=1
_____ count <= 10:
_____ count != 7:
_____(count)
count+=1
```

3. 循环可以嵌套_____层。

三、实训任务

任务 1：【猜字游戏】

编写一个猜字游戏，要求随机输入一个 0～100 的数字，提供 6 次猜字机会。

程序编写于下方

任务 2：【统计字符分类】

输入一行字符，统计出其中英文字母、空格、数字及其他字符的个数，并打印出来。

程序编写于下方

任务 3：【水仙花数】

输出所有的"水仙花数"。"水仙花数"是指一个三位数，其各位数字的立方和等于该数本身。例如：$153 = 1^3+5^3+3^3$，该数即为"水仙花数"。

程序编写于下方

任务 4：【用数字组数】

用数字 1、2、3、4 组数，能组出多少个互不相同且数字不重复的三位数？组数并打印出来。

程序编写于下方

任务 5：【评委评分】

分别利用 while 语句和 for 语句完成以下功能。

某比赛有 7 个评委，选手的得分为这 7 个评委的评分总和，请编程实现统计功能。

程序编写于下方
while 方式：   for 方式：

任务 6：【break 语句和 continue 语句的使用】

输入若干字符，对输入的英文字母原样输出，其他字符不输出，直到输入回车键时结束。

程序编写于下方

四、拓展任务

任务 1：【韩信点兵】

淮安民间传说着一则故事——"韩信点兵"。话说韩信带领 1500 名士兵打仗，战死四五百人，于是韩信要求士兵们先后站 3 人一排，多出 2 人；站 5 人一排，多出 4 人；站 7 人一排，多出 6 人。韩信很快说出人数：1049。

现在给你 3 个队伍的多出人数，分别为非负整数 a,b,c，请计算军队的总人数。

程序编写于下方

任务 2：【数数游戏】

有 n 个人围成一圈，顺序排号。从第一个人开始报数，凡报到 5 的人退出圈子，问最后留下的人是原来的第几号？

程序编写于下方

第 4 章　列表与元组

本章将学习 Python 中最常用的数据结构列表和元组的相关知识。通过本章的学习，读者应掌握列表和元组的基本语法及其使用，掌握列表的截取与拼接，了解列表的赋值机制，掌握列表与元组的相互转化。同时通过实例的训练，进一步巩固列表和元组的相关知识，学会列表推导式的应用，能够利用列表和元组解决实际编程问题。

- ➢ 列表的声明和使用
- ➢ 元组的声明和使用
- ➢ 索引
- ➢ 求元素数量
- ➢ 脚本操作符
- ➢ 列表的截取与拼接
- ➢ 列表推导式
- ➢ 嵌套列表
- ➢ 列表函数与方法
- ➢ 元组运算符
- ➢ 元组索引与截取
- ➢ 元组内置函数

4.1　案例

4.1.1　案例 1：猜字游戏（记录游戏过程数据）

在第 3 章案例 2 中的猜字游戏程序虽然提供了多次猜字机会，但是并没有记录下来每次猜测的数字。接下来我们对代码进行修改，记录游戏的过程数据。

1	import random
2	secret = random.randint(1, 10)
3	guess = 0
4	tries = 0
5	logList = []　　　　　　　　# 定义一个列表用来记录用户猜字的过程
6	
7	print("请你猜一猜从 1 到 10，会是什么数字？")
8	print("你只有 3 次机会哦！")

```
9    while tries < 3:                # 提供 3 次猜字机会
10       guess = eval(input("请输入你猜的数字: "))
11       tries = tries + 1
12       if guess < secret:
13           print("太小了！！！！！！！！！！！")
14           logList.append(['第'+str(tries)+'次', guess, '太小了'])
15           continue
16       elif guess > secret:
17           print("太大了！！！！！！！！！！！")
18           logList.append(['第' + str(tries) + '次', guess, '太大了'])
19           continue
20       else:
21           print("恭喜你，猜对了！")
22           logList.append(['第' + str(tries) + '次', guess, '猜对了'])
23           break
24   if guess != secret:
25       print("很可惜，你猜错了！")
26   print("正确的数字为: " + str(secret))
27   print(logList)
```

案例说明

第 5 行：在第 3 章案例 2 的基础上加入了一个列表 logList，用来记录用户猜字的过程。此处声明了一个空列表 logList=[]，此时 logList 中没有任何元素。

第 14、18、22 行：利用列表的 append 方法，向 logList 的尾部添加元素。这里添加的元素比较特殊，是格式类似于['第 1 次',3,' 太大了']这样的列表。也就是说，在 logList 中添加的元素是一个新的列表，这个新的列表里有三个元素，而这三个元素的数据类型是不同的。列表的数据项不需要具有相同的类型。

列表的创建只要将逗号分隔的不同的数据项用方括号括起来即可。如下所示：

```
1    list1 = ['Deris', 'Weng', 1, 2]
2    list2 = [1, 2, 3, 4, 5 ]
3    list3 = ["a", "b", "c", "d"]
```

第 27 行：最后将列表打印出来。

列表是一个比传统数组更好用的数据线性集合，它可以在随机位置任意添加不同类型的数据，Python 还提供多种工具方便列表的操作，下面分别举例说明。

4.1.2 案例 2：猜字游戏扩展

在第 2 章的案例 3 中创建了一个游戏函数包 Game.py，现对这个游戏包进行优化，将本章案例 1 中的游戏过程记录功能放进去。

```
1    def GuessNumGame(*T):              # *T 表示任意多个无名参数，类型为 tuple
2        import random
3        secret = random.randint(T[0], T[1])
4        guess = 0
5        tries = 0
6        logList = []                   # 定义一个列表用来记录用户猜字的过程
7        print ("请你猜一猜从" + str(T[0]) + "到" + str(T[1]) + "，会是什么数字？")
8        print ("你只有" + str(T[2]) + "次机会哦！")
9        while tries < T[2]:            # 提供 T[2]次猜字机会
10               guess = eval(input("请输入你猜的数字："))
11               tries = tries + 1
12               if guess < secret:
13                   print("太小了！！！！！！！！！！")
14                   logList.append(['第'+str(tries)+'次', guess, '太小了'])
15                   continue
16               elif guess > secret:
17                   print("太大了！！！！！！！！！！")
18                   logList.append(['第' + str(tries) + '次', guess, '太大了'])
19                   continue
20               else:
21                   print("恭喜你，猜对了！")
22                   logList.append(['第' + str(tries) + '次', guess, '猜对了'])
23                   break
24        if guess != secret:
25                   print("很可惜，你猜错了！")
26        print ("猜测范围： " + str(T[0]) + "到" + str(T[1]) )
27        print ("猜测机会： " + str(T[2]) + "次")
28        print("正确的数字为： " + str(secret))
29    print(logList)
```

再次修改第 2 章案例 3 中创建的 testGame.py，调用 Game.py 中的 GuessNumGame 函数。

```
1    from Game import *              # 引入 Game.py 中的所有函数
2    # 调用 GuessNumGame 猜字函数
3    x = eval(input("随机数的最小值："))
4    y = eval(input("随机数的最大值："))
5    z = eval(input("猜测次数："))
6    GuessNumGame(x,y,z)
```

案例说明

在 Game.py 的第 1 行函数定义中，函数的参数用*T，这是一个特别的参数。*T 表示任意多个无名参数，类型为元组 tuple。元组与列表相似，也是一个线性集合，不同之处在于元组是一个元素（直接元素）不可更改的集合，无论是元素值、元素数量都不可更改。不可更改是元组与列表的最大区别。

元组使用小括号()声明，列表使用方括号[]声明。元组的创建很简单，只需要在括号中添加元素，并使用逗号隔开即可。如下所示：

```
1   tup1 = ('Deris', 'Weng', 1, 2)
2   tup2 = (1, 2, 3, 4, 5 )
3   tup3 =( "a", "b", "c", "d")
```

在 Game.py 的第 3 行，可以使用下标索引来访问元组中的值。T[0]表示元组的第 1 个值，T[1] 表示元组的第 2 个值，T[2]表示元组的第 3 个值。

在 testGame.py 的第 6 行，进行函数的调用时，可以直接以多个参数用逗号隔开的方式，将可变元组的值传递给函数。

在函数参数中使用元组的另外一个好处是使函数的参数可变，这在有些特殊的应用场景中有一定的应用价值。

4.2 知识梳理

4.2.1 列表基础

1. 访问列表中的值

可以使用下标索引来访问列表中的值，也可以使用方括号的形式截取字符。

【例 4-1】使用下标索引来访问列表

```
1   aList = ['Deris', 'Weng', 1, 2]
2   bList = [1, 2, 3, 4, 5, 6, 7 ]
3   print ("aList [0]: ", aList [0])
4   print ("bList [1:5]: ", bList [1:5])
```

以上实例输出结果如下：

```
aList [0]:   Deris
bList [1:5]:   [2, 3, 4, 5]
```

2. 更新列表中的值

列表的更新可以直接指定列表的索引，对其进行赋值，也可以使用 append()方法向列表尾部增加元素。

【例 4-2】列表的更新

```
1    aList = ['Deris', 'Weng', 1, 2]
2    print ("第三个元素为 ：", aList [2])
3    aList [2] = 3
4    print ("更新后的第三个元素为 ：", aList [2])
```

以上实例输出结果如下：

```
第三个元素为 ： 1
更新后的第三个元素为 ： 3
```

3. 向列表指定位置插入元素

利用 insert 可以向指定索引位置插入元素。

【例 4-3】向列表插入元素

```
1    aList = ['Deris', 'Weng', 1, 2]
2    aList.insert(2, 'Happy')              # 使用 insert 向索引 2 的位置插入元素
     print ("aList 结果为 ：", aList )      # 列表中有 5 个元素
```

以上实例输出结果如下：

```
aList 结果为 ： ['Deris', 'Weng', 'Happy', 1, 2]
```

4. 删除或清空列表中的记录

可以使用 del 语句来删除列表中的元素。

【例 4-4】利用 del 语句删除列表中的元素

```
1    aList = ['Deris', 'Weng', 1, 2]
2    print ("删除前的列表 ：", aList)
3    del aList [2]
4    print ("删除第三个元素后的列表 ：", aList)
```

以上实例输出结果如下：

```
删除前的列表 ： ['Deris', 'Weng', 1, 2]
删除第三个元素后的列表 ： ['Deris', 'Weng', 2]
```

【例 4-5】关于列表与 del 的特殊说明，即 del 语句作用在变量上，而不是数据对象上

```
1    aList    = ['Deris', 'Weng', 1, 2]
2    # 列表本身不包含数据，而是包含变量：aList[0]～aList[3]
3    first = aList[0]              # 复制列表，创建新的变量引用，而不是数据对象的复制
4    del aList[0]                  # del 删除的是变量，而不是数据
5    print(aList)
6    print(first)
```

以上实例输出结果如下：

```
['Weng', 1, 2]
Deris
```

另外，Python 的列表提供了 pop 方法，可以删除指定索引位置的元素。

【例 4-6】利用 pop 方法删除列表中的元素

```
1    aList = ['Deris', 'Weng', 1, 2]
2    print ("删除前的列表 ：", aList)
3    aList.pop(2)
4    print ("删除第三个元素后的列表 ：", aList)
```

以上实例输出结果如下：

```
删除前的列表 ：   ['Deris', 'Weng', 1, 2]
删除第三个元素后的列表 ：   ['Deris', 'Weng', 2]
```

若要将列表清空可以使用：

```
1    aList =[]              # aList 列表中的变量都被清空
2    del aList              # aList 列表对象被删除
```

正是因为 del 语句作用在变量上，所以如果执行 del alist 语句，将直接删除 alist 对象，也就是说，alist 对象不存在了。

5. 遍历列表、二级索引

可以利用 for 遍历列表。

【例 4-7】列表的遍历

```
1    aList = ['Deris', 'Weng', 1, 2]
2    for i in aList:
3        print(i)
```

以上实例输出结果如下：

```
Deris
Weng
1
2
```

【例 4-8】列表的二级索引

```
1    aList = ['Deris', 'Weng', [1, 2, 3]]
2    print(aList[2][0])
```

以上实例输出结果如下：

```
1
```

4.2.2 索引的使用

对线性结构的列表、元组和字符串而言，使用索引的方法都是采用"[索引]"的方式。索引，俗称下标。同其他语言一样，索引值从 0 开始，直到长度减 1 为止（例如，对 10 个元素的列表，最大的索引值为[9]）。

Python 针对需要从"尾部"获取元素的应用，提供了一种便捷的引用方式：可以利用"负"值的方式从队尾获得元素，其中最小的负数索引值不得小于"负"的"集合长度"（例如，对 10 个元素的列表，最小的索引值为[-10]），否则也会产生"索引越界"错误。

【例 4-9】索引越界

```
1    x = [1, 2, 3, 4, 5, 6]
2    print(x[6])           # 最大的索引值为 5
3    print(x[-7])          # 最小的索引值为–6
```

以上实例输出结果如下：

```
Traceback (most recent call last):
    File "indexError.py", line 3, in <module>
      print(x[6])
IndexError: list index out of range
```

4.2.3 求元素数量

Python 提供了通用函数 len()，用以求集合中的元素数量，注意通用函数 len()适用于所有集合，但它并不是这些集合类的成员函数。

【例 4-10】函数 len()

```
1    x = [1, 2, 3, 4, 5, 6]
2    y = []
3    print(len(x))
4    print(len(y))
```

以上实例输出结果如下：

```
6
0
```

4.2.4 列表运算符

列表对 + 和 * 的操作与字符串相似。+用于组合列表，*用于重复列表。

【例 4-11】列表运算符

```
1    print([1, 2, 3,4] + [5, 6])          # 列表的拼接
2    print(5 in [1, 2, 3, 4, 5, 6])        # 元素是否存在于列表中
3    print(['Weng'] * 3)                   # 列表的重复倍增
4    for x in [1, 2, 3]:                   # 列表的迭代
5        print( x, end=" ")
```

以上实例输出结果如下：

```
[1, 2, 3, 4, 5, 6]
True
['Weng', 'Weng', 'Weng']
1 2 3
```

4.2.5 列表的截取与拼接

Python 的列表还提供了截取与拼接的方法。

【例 4-12】列表截取

1	aList=['**Hello**', '**Deris**', '**Weng**']	
2	print (aList [2])	# 读取第三个元素
3	print(aList [-1])	# 从右侧开始读取第一个元素
4	print(aList [1:])	# 输出从第二个元素开始的所有元素

以上实例输出结果如下:

```
Weng
Weng
['Deris', 'Weng']
```

【例 4-13】列表拼接

1	x=['Hello', 'Deris', 'Weng']
2	print(x + [1,2,3])

以上实例输出结果如下:

```
['Hello', 'Deris', 'Weng', 1, 2, 3]
```

4.2.6 列表推导式

列表推导式是 Python 程序开发中比较常用的应用之一,它在逻辑上相当于一个循环,写法比较简洁。

列表推导式写法如下:

[表达式 for 变量 in 列表] 或者 [表达式 for 变量 in 列表 if 条件]

【例 4-14】简单列表推导式

1	alist = [1,2,3,4,5,6,7,8,9]
2	newaList = [i**2 for i in alist]

以上实例输出结果如下:

```
[1, 4, 9, 16, 25, 36, 49, 64, 81]
```

上述列表推导式等同于如下代码:

1	alist = [1,2,3,4,5,6,7,8,9]
2	newaList = []
3	for i in alist:

```
4    newaList.append(i**2)
```

【例 4-15】带有 if 条件的列表推导式

```
1    alist = [1,2,3,4,5,6,7,8,9]
2    print([i**2 for i in alist if i>5])
```

以上实例输出结果如下：

```
[36, 49, 64, 81]
```

上述带 if 条件的列表推导式等同于如下代码：

```
1    blist = [1,2,3,4,5,6,7,8,9]
2    newbList = []
3    for i in blist:
4        if x>5:
5            newbList.append(i**2)
```

4.2.7　嵌套列表

使用嵌套列表即在列表里创建其他列表。

【例 4-16】嵌套列表

```
1    a = ['Hello', 'Deris', 'Weng']
2    n = [1, 2, 3]
3    x = [a, n]
4    print(x)
5    print(x[0])
6    print(x[0][1])
7    print(x[1][2])
```

以上实例输出结果如下：

```
[['Hello', 'Deris', 'Weng'], [1, 2, 3]]
['Hello', 'Deris', 'Weng']
Deris
3
```

4.2.8 列表函数与列表方法

1. 列表函数

Python 包含以下函数，如表 4-1 所示。

表 4-1　Python 中的列表函数

序　号	函　　数	描　　述
1	len(list)	计算列表元素个数
2	max(list)	返回列表元素最大值
3	min(list)	返回列表元素最小值
4	list(seq)	将元组转换为列表

【例 4-17】列表函数的使用

```
1   a = ['Hello', 'Deris', 'Weng']
2   n = [1, 2, 3]
3   print(len(a))
4   print(max(a))
5   print(min(n))
```

以上实例输出结果如下：

```
3
Weng
1
```

如果列表中有多种不同的数据类型，则使用上述函数会出现错误。

【例 4-18】列表函数的错误使用

```
1   a = ['Hello', 'Deris', 'Weng']
2   n = [1, 2, 3]
3   x = [a, n]
4   print(min(x))
```

以上实例输出结果如下：

```
Traceback (most recent call last):
    File "ListError.py", line 4, in <module>
      print(min(x))
TypeError: '<' not supported between instances of 'int' and 'str'
```

2. 列表方法

Python 包含以下方法，如表 4-2 所示。

表 4-2　Python 中的列表方法

序　号	方　法	描　述
1	list.append(obj)	在列表末尾添加新的对象
2	list.count(obj)	统计某个元素在列表中出现的次数
3	list.extend(seq)	在列表末尾一次性追加另一个序列中的多个值（用新列表扩展原来的列表）
4	list.index(obj)	从列表中找出某个值第一个匹配项的索引位置
5	list.insert(index, obj)	将对象插入列表
6	list.pop(obj=list[-1])	移除列表中的一个元素（默认为最后一个元素），并且返回该元素的值
7	list.remove(obj)	移除列表中某个值的第一个匹配项
8	list.reverse()	反向列表中的元素
9	list.sort([func])	对原列表进行排序
10	list.clear()	清空列表
11	list.copy()	复制列表

【例 4-19】列表方法的使用

```
1   a = ['Hello', 'Deris', 'Weng']
2   a.append('Happy')
3   print(a)
4   a.reverse()
5   print(a)
```

以上实例输出结果如下：

```
['Hello', 'Deris', 'Weng', 'Happy']
['Happy', 'Weng', 'Deris', 'Hello']
```

4.2.9　元组基础

1. 声明一个空元组

创建空元组，方法如下：

```
1   tup1 = ()
```

特别注意：元组中只包含一个元素时，需要在元素后面添加逗号，否则括号会被当作运算符使用。

【例 4-20】只包含一个元素的元组

```
1   tup1 = (50)
2   print(type(tup1))        # 不加逗号，类型为整型
3   tup1 = (50,)
4   print(type(tup1))        # 加上逗号，类型为元组
```

以上实例输出结果如下：

```
<class 'int'>
<class 'tuple'>
```

2. 访问元组

可以使用下标索引来访问元组中的值。

【例 4-21】访问元组

```
1   tup1 = ('Deris', 'Weng', 1, 2)
2   tup2 = (1, 2, 3, 4, 5, 6, 7 )
3   print("tup1[0]: ", tup1[0])
4   print("tup2[1:5]: ", tup2[1:5])
```

以上实例输出结果如下：

```
tup1[0]:   Deris
tup2[1:5]:   (2, 3, 4, 5)
```

3. 修改元组

元组中的元素值是不允许修改的，但我们可以对元组进行连接组合。

【例 4-22】修改元组

```
1   tup1 = (12, 34.56);
2   tup2 = ('abc', 'xyz')
3   tup3 = tup1 + tup2;
4   print(tup3)
```

以上实例输出结果如下：

```
(12, 34.56, 'abc', 'xyz')
```

【例 4-23】非法修改元组

```
1   tup1 = (12, 34.56)
2   #  以下修改元组元素的操作是非法的
3   # tup1[0] = 100
```

以上实例输出结果如下：

```
Traceback (most recent call last):
  File "tupError.py", line 3, in <module>
    tup1[0] = 100
TypeError: 'tuple' object does not support item assignment
```

4．删除元组

元组中的元素值是不允许删除的，但我们可以使用 del 语句来删除整个元组。

【例 4-24】删除元组

```
1   tup = ('Deris', 'Weng', 1, 2)
2   print (tup)
3   del tup;
4   print ("删除后的元组  tup : ")
5   print (tup)
```

以上实例输出结果如下：

```
删除后的元组  tup :
Traceback (most recent call last):
  File "deleteTupError.py", line 8, in <module>
    print (tup)
NameError: name 'tup' is not defined
```

4.2.10   元组运算符

与字符串一样，元组之间可以使用 + 和 * 进行运算，这就意味着它们可以组合和复制，运算后会生成一个新的元组。

【例 4-25】元组运算

```
1   print(len((1, 2, 3)))              # 计算元组的元素个数
2   print((1, 2, 3,4) + (5, 6))        # 元组的拼接
```

```
3    print(5 in (1, 2, 3, 4, 5, 6))      # 元素是否存在于元组中
4    for x in (1, 2, 3):                  # 元组的迭代
5        print( x, end=" ")
```

以上实例输出结果如下：

```
3
(1, 2, 3, 4, 5, 6)
True
1 2 3
```

注意，(('Happy！',) * 4)与(('Happy！') * 4)这两种写法得到的结果是不同的。('Happy！')
其实并不是元组，Python 会认为它是一个字符串。

【例 4-26】元组的使用

```
1    print(('Happy！',) * 3)      # 有逗号（,）的情况下实现元组的重复倍增
2    print(('Happy！') * 3)       # 没有逗号（,），不认为是元组
```

以上实例输出结果如下：

```
('Happy！', 'Happy！', 'Happy！', 'Happy！')
Happy！Happy！Happy！Happy！
```

4.2.11　元组索引与截取

因为元组也是一个序列，所以我们可以访问元组中指定位置的元素，也可以截取索引中
的一段元素。

【例 4-27】索引与截取

```
1    Tup = ('Deris', 'Happy', 'Weng')
2    print(Tup [2] )      # 读取第三个元素
3    print(Tup [-2])      # 反向读取，读取第二个元素
4    print(Tup [1:] )     # 截取元素，从第二个元素开始的所有元素
```

以上实例输出结果如下：

```
Weng
Happy
('Happy', 'Weng')
```

4.2.12　元组内置函数

Python 元组包含了以下内置函数，如表 4-3 所示。

表 4-3　Python 中的内置函数

序　　号	函　　数	描　　述
1	len(tuple)	计算元组元素个数
2	max(tuple)	返回元组中元素最大值
3	min(tuple)	返回元组中元素最小值
4	tuple(seq)	将列表转换为元组

【例 4-28】元组函数的使用

```
1  a = ('Hello', 'Deris', 'Weng')
2  n = (1, 2, 3)
3  print(len(a))
4  print(max(a))
5  print(min(n))
```

以上实例输出结果如下：

```
3
Weng
1
```

Python 的元组与列表类似，不同之处在于元组的元素不能修改。因此元组并没有像列表那样多的方法，元组的方法不多，如 count，index。

Python 包含以下方法，如表 4-4 所示。

表 4-4　Python 中的方法

序　　号	方　　法	描　　述
1	tuple.count(obj)	统计某个值在整个元组中出现的次数
2	tuple.index(obj)	从元组中找出某个值第一个匹配项的索引位置

【例 4-29】元组方法的使用

```
1  a = ('Hello', 'Deris', 'Weng','Hello')
2  print(a.count('Hello'))
3  print(a.index('Hello'))
```

以上实例输出结果如下：

4.3　小结与习题

4.3.1　小结

在第 2 章和第 3 章"猜字游戏"案例的基础上，本章案例 1 使用列表来记录游戏过程中的数据，案例 2 对猜字游戏进行了优化，引入元组对函数游戏包进行了扩展。

序列是 Python 中最基本的数据结构。Python 有 6 个序列的内置类型，但最常见的是列表和元组。序列可以进行的操作包括索引、切片、加、乘、检查成员。序列中的每个元素都分配一个数字——它的位置，或称索引，第一个索引是 0，第二个索引是 1，依次类推。此外，Python 已经内置了确定序列长度以及确定最大和最小元素的方法。

列表是最常用的 Python 数据类型，它可以作为一个方括号内的逗号分隔值出现。列表的数据项不需要具有相同的类型。

通过本章的学习，读者将学会 Python 语言中数据组织和处理的方式——列表与元组的使用。不但学会用下标索引来访问列表中的值，以及使用方括号的形式截取字符，还能学会截取与拼接列表的方法。同时通过实例的训练，读者将学会 Python 的嵌套列表，还有列表函数和方法，以及一些常用元组运算符和列表运算符的使用。

4.3.2　习题

1. 为什么应尽量从列表的尾部进行元素的增加与删除操作？
2. 说说列表与元组的共同点和区别。
3. 列举列表与元组相同的函数和方法。

4.4　课外拓展

机器学习（Machine Learning, ML）是一门多领域交叉学科，涉及概率论、统计学、逼近论、凸分析、算法复杂度理论等多门学科。它专门研究计算机怎样模拟或实现人类的学习行为，以获取新的知识或技能，重新组织已有的知识结构使之不断改善自身的性能。

它是人工智能的核心，是使计算机具有智能的根本途径，其应用遍及人工智能的各个领域，它主要使用归纳、综合而不是演绎。

学习是人类具有的一种重要智能行为，但究竟什么是学习，长期以来却众说纷纭。社会学家、逻辑学家和心理学家都各有其不同的看法。

比如，Langley（1996）定义的机器学习是"机器学习是一门人工智能的科学，该领域的主要研究对象是人工智能，特别是如何在经验学习中改善具体算法的性能"。（Machine Learning is a science of the artificial intelligence. The field's main object of study is artificial intelligence, specifically algorithms that improve their performance with experience.）

Tom Mitchell 的机器学习（1997）对信息论中的一些概念有详细的解释，其中定义机器学习时提到，"机器学习是对能通过经验自动改进的计算机算法的研究"。（Machine Learning is the study of computer algorithms that improve automatically through experience.）

Alpaydin（2004）同时提出自己对机器学习的定义，"机器学习是用数据或以往的经验，以此优化计算机程序的性能标准"。（Machine Learning is programming computers to optimize a performance criterion using example data or past experience.）

尽管如此，为了便于进行讨论和估计学科的进展，有必要对机器学习给出定义，即使这种定义是不完全的和不充分的。顾名思义，机器学习是研究如何使用机器来模拟人类学习活动的一门学科。稍为严格的提法是：机器学习是一门研究机器获取新知识和新技能，并识别现有知识的学问。这里所说的"机器"，指的就是计算机，电子计算机、中子计算机、光子计算机或神经计算机等。

机器能否像人类一样具有学习能力呢？1959 年美国的塞缪尔（Samuel）设计了一个下棋程序，这个程序具有学习能力，它可以在不断的对弈中改善自己的棋艺。4 年后，这个程序战胜了设计者本人。又过了 3 年，这个程序战胜了美国一个保持了 8 年之久的常胜冠军。这个程序向人们展示了机器学习的能力，提出了许多令人深思的社会问题与哲学问题。

机器的能力是否能超过人的能力，很多持否定意见的人的一个主要论据是：机器是人造的，其性能和动作完全是由设计者规定的，因此无论如何其能力也不会超过设计者本人。这种意见对不具备学习能力的机器来说的确是对的，可是对具备学习能力的机器就值得考虑了，因为这种机器的能力在应用中不断地提高，经过一段时间之后，设计者本人也不知道它的能力到了何种水平。

机器学习有下面几种定义："机器学习是一门人工智能的科学，该领域的主要研究对象是人工智能，特别是如何在经验学习中改善具体算法的性能。""机器学习是对能通过经验自动改进的计算机算法的研究。""机器学习是用数据或以往的经验，以此优化计算机程序的性能标准。"

机器学习已经有了十分广泛的应用，例如：数据挖掘、计算机视觉、自然语言处理、生物特征识别、搜索引擎、医学诊断、检测信用卡欺诈、证券市场分析、DNA 序列测序、语音和手写识别、战略游戏和机器人运用。

机器学习是人工智能研究较为年轻的分支，它的发展过程大体上可分为 4 个阶段。

第一阶段是在 20 世纪 50 年代中叶到 60 年代中叶，属于热烈时期。

第二阶段是在 20 世纪 60 年代中叶至 70 年代中叶，被称为机器学习的冷静时期。

第三阶段是从 20 世纪 70 年代中叶至 80 年代中叶，称为复兴时期。

机器学习的最新阶段始于 1986 年。

机器学习进入新阶段的重要表现有以下几方面：

（1）机器学习已成为新的边缘学科并在高校形成一门课程。它综合应用心理学、生物学和神经生理学以及数学、自动化和计算机科学形成机器学习理论基础。

（2）结合各种学习方法，取长补短的多种形式的集成学习系统研究正在兴起。特别是连接学习符号学习的耦合可以更好地解决连续性信号处理中知识与技能的获取与求精问题而受到重视。

（3）机器学习与人工智能各种基础问题的统一性观点正在形成。例如，学习与问题求解结合进行、知识表达便于学习的观点产生了通用智能系统 SOAR 的组块学习。类比学习与问题求解结合的基于案例方法已成为经验学习的重要方向。

（4）各种学习方法的应用范围不断扩大，一部分已形成商品。归纳学习的知识获取工具已在诊断分类型专家系统中广泛使用。连接学习在声图文识别中占优势。分析学习已用于设计综合型专家系统。遗传算法与强化学习在工程控制中有较好的应用前景。与符号系统耦合的神经网络连接学习将在企业的智能管理与智能机器人运动规划中发挥作用。

（5）与机器学习有关的学术活动空前活跃。国际上除每年一次的机器学习研讨会外，还有计算机学习理论会议以及遗传算法会议。

（引自百度百科）

4.5 实训

4.5.1 实训 1：列表

一、实训目的

1. 了解列表的基本操作。
2. 掌握列表的截取与拼接方法。
3. 掌握列表的赋值机制。
4. 学会列表推导式的应用。

二、单元练习

（一）选择题

1. Python 列表不包含以下哪个内置函数？（　　　）

    A. len()　　　　B. max()　　　C. min()　　　D. tuple()　　　E. list()

2. 列表中可以放多少个字符串？（　　　）

    A. 1　　　　　B. 255　　　　C. 无限个　　　D. 由用户自己定义

（二）填空题

1. 已知 tmp=[**'Deris'**,**'Weng'**,2018,2019]，请填写下面的空白。

    tmp[1]=_____

    tmp[-1]=_____

    tmp[:2]=_____

    tmp[::2]=_____

2. 请填写 Python 表达式对应的结果。

Python 表达式	结　　果
len([1, 2, 3,4,5])	
[1, 2, 3] + [4, 5, 6,7]	
['123'] * 4	
3 in [1, 2, 33,4,5]	
for x in [1, 2, 3,4]: 　　print(x)	

三、实训任务

任务 1：【列表创建的基本操作】

1. 创建一个空列表 alist（用两种方法实现）。

程序编写于下方

2. 创建一个长 10000 的列表 blist（列表元素内容为从 1 开始的整数）。

程序编写于下方

3. 创建一个长 10000 的列表 clist（列表元素内容均为 1）。

程序编写于下方

4. 编写程序，用户输入一个列表和两个整数作为下标，然后使用切片获取并输出列表中介于两个下标之间的元素组成的子列表。例如，用户输入[1, 2, 3, 4, 5, 6]和 2,5，程序输出[3, 4, 5, 6]。

程序编写于下方

任务 2：【列表的截取与拼接】

编写下列代码，输出结果，并说明原因。

```
1   l = [i for i in range(0,15)]
2   print(l[::2])
```

结果：

```
1   l = [i for i in range(0,15)]
2   print(l[::-2])
```

结果：

说明原因：

任务 3：【二维列表】

编写下列代码，输出结果。

```
1   list_2d = [ [0 for i in range(5)] for i in range(5)]
2   list_2d[0].append(3)
3   list_2d[0].append(5)
4   list_2d[2].append(7)
5   print(list_2d)
```

结果：

任务 4：【列表的赋值机制】

写出下列语句执行后的结果。

```
1   a = [1, 2, 3]
2   b = a
3   c = []
4   c = a
5   d = a[:]
```

| 6 | print(a, b, c, d) |

结果为：＿＿＿＿＿＿＿＿＿＿＿＿＿＿＿＿＿＿＿＿

继续执行如下语句：

| 1 | b[0] = **'b'** |
| 2 | print(a, b, c, d) |

结果为：＿＿＿＿＿＿＿＿＿＿＿＿＿＿＿＿＿＿＿＿

继续执行如下语句：

| 1 | print(id(a), id(b), id(c), id(d)) |

结果为：＿＿＿＿＿＿＿＿＿＿＿＿＿＿＿＿＿＿＿＿

继续执行如下语句：

| 1 | c[0] = 'c' |
| 2 | print(a, b, c, d) |

结果为：＿＿＿＿＿＿＿＿＿＿＿＿＿＿＿＿＿＿＿＿

继续执行如下语句：

| 1 | d[0] = 'd' |
| 2 | print(a, b, c, d) |

结果为：＿＿＿＿＿＿＿＿＿＿＿＿＿＿＿＿＿＿＿＿

继续执行如下语句：

| 1 | print(id(a), id(b), id(c), id(d)) |

结果为：＿＿＿＿＿＿＿＿＿＿＿＿＿＿＿＿＿＿＿＿

请对上述实验过程进行总结。

总结：＿＿＿＿＿＿＿＿＿＿＿＿＿＿＿＿＿＿＿＿＿＿＿＿＿＿＿＿

＿＿＿＿＿＿＿＿＿＿＿＿＿＿＿＿＿＿＿＿＿＿＿＿＿＿＿＿＿＿＿＿＿＿＿＿

任务 5：【列表与循环的混合使用】

1. 输出结果：[1 love python,2 love python,3 love python,...., 10 love python]

程序编写于下方

2. 输出结果：[(0,0),(0,2),(2,0),(2,2)]

程序编写于下方

四、拓展任务

任务 1：【列表推导式应用 1】

使用列表推导式生成 100 以内的所有偶数。

程序编写于下方

任务 2：【列表推导式应用 2】

使用列表推导式实现矩阵转置。

程序编写于下方

任务 3：【加密算法】

请按照加密规则实现加密算法，加密规则如下：每位数字都加上 7，然后用它除以 10 的余数代替该数字，再将第一位和第三位交换，第二位和第四位交换。

程序编写于下方

4.5.2　实训 2：元组

一、实训目的

1. 掌握元组的基本操作。
2. 掌握列表与元组的相互转化。

二、单元练习

（一）选择题

1. Python 元组不包含以下哪个内置函数？（　　　）

　　　A. len()　　　　B. max()　　　C. min()　　　　D. tuple()　　　　E. 以上都是

2. 以下哪个选项输出值为 3？（　　　）

　　　A. len((1,2,3))

　　　B. 3 in (1,2,3)

　　　C. for x in (1,2,3):

　　　　　print x

3. tuple 函数可以达到什么效果？（　　　）

　　　A. 计算元组元素个数　　　　B. 返回元组中元素最大值

　　　C. 将元组转换成列表　　　　D. 将列表转换成元组

（二）填空题

1. 已知 tmp=['**Deris**','**Weng**',2018,2019]，请填写下面的结果。

　　　tmp[1]=_____

　　　tmp[-1]=_____

　　　tmp[:2]=_____

　　　tmp[::2]=_____

　　　tmp[::-1]=_____

2. 请描述 tup(50)和 tup(50，)的区别。

3. 请填写 Python 表达式对应的结果。

Python 表达式	结　　果
len((1, 2, 3,4,5))	
(1, 2, 3) + (4, 5, 6,7)	
(123) * 4	
(123,) * 4	
3 in (1, 2, 33,4,5)	
for x in (1, 2, 3,4): 　　print (x)	

三、实训任务

任务 1：【列表与元组的相互转化】

编写下列代码，输出结果。

```
1  T=('cc','aa','dd','bb')
2  tmp=list(T)
3  print(tmp)
```

结果：

```
1  T=tuple(tmp)
2  print(T)
```

继续编写，结果：

任务 2：【元组的使用】

打印输出**'one'**,**'two'**,**'four'**,**'five'**,**'six'**的 temp 元组，在 two 和 four 之间加入 three，截取前两项。

程序编写于下方

第5章　字符串与文件

⊞ **学习任务**

本章将学习 Python 中常用的数据结构字符串和文件的相关知识。通过本章的学习，读者应学会字符串的连接、格式化、转换和分割，掌握切片运算，掌握字符串与列表的转换，了解字符与 ASCII 码的转换，能够利用文件存储字符串以及掌握文本文件的读/写操作的基本方法和步骤。

⊞ **知识点**

➤ 字符串的连接、格式化、转换和分割
➤ 字符串运算符
➤ 字符串内建函数
➤ 字符串截取（切片）
➤ 字符串与列表的转换
➤ 字符与 ASCII 码的转换
➤ 利用文件存储字符串
➤ 文本文件的读/写
➤ 文件对象的各种方法

5.1　案例

5.1.1　案例1：游戏中的字符串格式化及优化

字符串是 Python 中常用的数据类型。Python 还提供了很多字符串格式化的便捷方法，本案例将利用字符串格式化方法对第 4 章游戏案例中的字符串拼接进行优化。另外，在输入、输出、读/写文件方面，字符串是最直观的数据，本案例将在第 4 章游戏案例的基础上，将游戏中的日志信息转化成字符串形式，为后续将日志文件存储到文本文件中做准备。具体修改如下。

GuessNumGame.py:

1	def GuessNumGame(*T):　　　　　# *T 表示任意多个无名参数，类型为 tuple
2	import random
3	secret = random.randint(T[0], T[1])
4	guess = 0
5	tries = 0
6	logList = []　　　　　　　　# 定义一个列表用来记录用户猜字的过程
7	print('请你猜一猜从{}到{}，会是什么数字?'.format(T[0], T[1]))

```
8          print ("你只有{}次机会哦!".format(T[2]))
9          logBetween= "猜测范围：{}到{}".format(T[0], T[1])
10         logTries="猜测机会：{}次".format(T[2])
11         logTrue="正确的数字为：{}".format(secret)
12         logList.append([logBetween, logTries,logTrue])
13         while tries < T[2]:
14                 guess = eval(input("请输入你猜的数字："))
15                 tries += 1
16                 if guess < secret:
17                     print("太小了！！！！！！！！！！")
18                     logList.append(['第{}次'.format(tries), guess, '太小了'])
19                     continue
20                 elif guess > secret:
21                     print("太大了！！！！！！！！！！")
22                     logList.append(['第{}次'.format(tries), guess, '太大了'])
23                     continue
24                 else:
25                     print("恭喜你，猜对了！")
26                     logList.append(['第{}次'.format(tries), guess, '猜对了'])
27                     break
28         if guess != secret:
29             print("很可惜，你猜错了！")
30         return logList
```

textGame.py：

```
1   from Game import *              # 引入 Game.py 中的所有函数
2   # 调用 GuessNumGame 猜字函数
3   x = eval(input("随机数的最小值："))
4   y = eval(input("随机数的最大值："))
5   z = eval(input("猜测次数："))
6   logList =GuessNumGame(x,y,z)
7   print(logList)
8   strLog = ",".join(map(str, logList))     # 将列表转换成字符串，后续考虑存储到文件中
9   print(strLog)
```

案例说明

➢ 在 Game.py 的第 7、8 行中，利用 format 函数进行字符串的格式化。

"请你猜一猜从{}到{}，会是什么数字？".format(T[0], T[1])

上述语句中采用格式化字符串的函数 str.format()的形式，通过{}接收数据，format 函数可以接收无限个参数，位置可以不按顺序。如果{}中没有数字，则按顺序获取 format 函数中的参数值。上述写法与如下写法等同：

> "请你猜一猜从{0}到{1}，会是什么数字？".format(T[0], T[1])

➢ 第 9～12 行：将猜测范围、猜测次数、正确答案进行相应的格式化后，放到列表 logList 中。

➢ 第 18、22、26 行：将 format 格式化后的字符串放到列表 logList 中。

➢ 第 30 行：列表 logList 作为函数的返回值返回。

➢ 在 testGame.py 的第 6 行，变量 logList 列表接收 GuessNumGame 函数的返回值。

➢ 在 testGame.py 的第 8 行，利用 map 函数将 logList 中的每个对象都转换成字符串型。

➢ map()是 Python 内置的高阶函数，它接收一个函数 f 和一个 list，并通过把函数 f 依次作用在 list 的每个元素上，得到一个新的 list 并返回。这里例子中的函数 f 就是 str()函数。

➢ 在 testGame.py 的第 8 行，map 转换好后，再用 join()方法将序列中的元素以指定的字符(,)连接生成一个新的字符。也就是说，把 logList 列表中的所有元素都用逗号(,)隔开，然后拼接在一起，成为一个新的字符串。

5.1.2　案例 2：利用文本文件读/写存储游戏过程日志

字符串作为 Python 语言的一种常用数据类型，它也为信息存储提供了很大的便捷，可以将其保存到文本文件中，方便数据的物理存储。常见的方式是将其他数据类型转换成字符串类型，然后再将字符串保存到文本文件中。

为了更加方便地进行文件的读/写，我们考虑构建文件读/写工具函数 FileTools。

FileTools.py:

```
1    # readfile 函数
2    def readfile(filename):
3        fp = open(filename,'r')        # 利用 r（read）方式
4        flist = fp.readlines()         # 按换行符分割，将每行作为一个元素存入列表 flist
5        fp.closed
6        return flist
7
8    # writefile 函数
9    def writefile(filename, log):
10       fp = open(filename, 'w')       # 利用 w（write）方式
11       fp.writelines(log)             # 把 log 字符串写入文件 filename 中
12       fp.closed
13
```

14	# appendfile 函数
15	def appendfile(filename, log):
16	fp = open(filename, 'a')　　　　# 利用 a（append）方式
17	fp.writelines(log)　　　　# 将 log 字符串添加到文件 filename 中
18	fp.closed

案例说明

➢ 进行文本文件读/写的重要方法有 open、close、read、write、readline、writeline。

➢ 在 GuessNumGame.py 的第 7、8 行中，利用 format 函数进行字符串的格式化。

➢ FileTools.py 中定义了三个函数，分别是：readfile 读文件、writefile 写文件、appendfile 向文件添加内容。这三个函数实际上是封装了 Python 的 open、readlines 和 writelines 函数。

➢ 在第 1～6 行 readfile 函数中，参数 filename 是想要读取的文件名，第 3 行利用 open 函数打开文件，其中 open 函数的参数 "r" 指的是以 "只读" 方式打开文件。

➢ 第 4 行的 readlines 把文本文件按行分割，并产生一个以每一行文本为一个元素的列表。

➢ 第 5 行：关闭文件。

➢ 第 6 行：向主调函数返回包含文件内容的列表。

➢ 在第 8～12 行 writefile 函数中，参数 filename 是想要写入的文件名，参数 log 是要写入文件的日志内容。第 10 行利用 open 函数打开文件，其中 open 函数的参数 "w" 指的是以 "只写" 方式打开文件。

➢ 第 11 行：writelines 把 log 字符串写入文件 filename 中。

➢ 在第 14～18 行 appendfile 函数中，参数 filename 是想要添加内容的文件名，参数 log 是要写入文件的日志内容。第 16 行利用 open 函数打开文件，其中 open 函数的参数 "a" 指的是以 "添加" 方式打开文件。

➢ 注意："只写" 方式和 "添加" 方式的区别在于，"只写" 方式每次写都是以覆盖的方式，文件之前的内容将会被覆盖；"添加" 方式则是在文件原有内容的基础上添加，并不会覆盖原有内容，所写的任何数据都会被自动增加到文件的末尾。

案例 2 将在案例 1 的基础上予以改进，将日志信息转化成字符串后，再保存到文本文件中。利用文本文件读/写的函数工具进行了文本文件读/写操作。具体修改如下。

textGame.py：

1	from Game import *　　　　# 引入 Game.py 中的所有函数
2	from FileTools import *　　　　# 引入 FileTools.py 中的所有函数
3	# 调用 GuessNumGame 猜字函数
4	x = eval(input("随机数的最小值："))
5	y = eval(input("随机数的最大值："))
6	z = eval(input("猜测次数："))
7	logList =GuessNumGame(x,y,z)
8	print(logList)

9	strLog = ",".join(map(str, logList))	# 将列表转换成字符串, 后续考虑存储到文件中
10	filename = "game.log"	# 指定文件
11	writefile (filename, strLog)	# 向文件中写入日志
12	rFile = readfile (filename)	
13	print (rFile)	

案例说明:

➢ 第 10 行: 指定读/写的文件为 game.log。

➢ 第 11 行: 调用 writefile 函数, 向 game.log 文件中写入日志。

➢ 第 12 行: 调用 readfile 函数, 将文件内容打印出来。

5.2 知识梳理

5.2.1 字符串的写法

在 Python 中字符串可以用单引号 (') 和双引号 ("") 标识, 对于跨行的字符串可以用 "三引号" (三个单引号 ''' 或三个双引号""") 标识。

创建字符串很简单, 只要为变量分配一个值即可。

【例 5-1】用单引号 (') 和双引号 ("") 创建字符串

| 1 | str1 = 'Hello World!' |
| 2 | str2= "Derisweng" |

Python 三引号允许一个字符串跨多行, 字符串中可以包含换行符、制表符以及其他特殊字符。

【例 5-2】用三引号创建字符串

1	str3 = """
2	这是一个多行字符串的例子
3	多行字符串可以使用制表符 TAB (\t), 也可以使用换行符 \n 进行换行
4	"""
5	print (str3)

以上实例输出结果如下:

```
这是一个多行字符串的例子
多行字符串可以使用制表符 TAB (    ), 也可以使用换行符
进行换行
```

三引号具有所见即所得的效果, 其典型的应用场景就是当你需要一段 HTML 或者 SQL 语

句时，如果用字符串组合或者特殊字符串转义，将会非常麻烦，而使用三引号就非常方便。

【例 5-3】三引号应用在 HTML 的定义中

```
1    strHTML = """
2    <div class="title-box">
3        <h2 class="title-blog">
4            <a href="https://www.Python.com">Python</a>
5        </h2>
6        <p class="description">春江花月夜</p>
7    </div>
8    """
9    print (strHTML)
```

以上实例输出结果如下：

```
<div class="title-box">
    <h2 class="title-blog">
        <a href="https://www.Python.com">Python</a>
    </h2>
    <p class="description">春江花月夜</p>
</div>
```

5.2.2 字符串操作

下面介绍 Python 中几个常用的字符串操作。

1. 访问字符串中的值

Python 不支持单个字符类型，单个字符在 Python 中作为一个字符串使用。在 Python 中访问子字符串，可以使用方括号[]来截取字符串。

【例 5-4】用方括号[]来访问子字符串

```
1    str1 = 'Hello World!'
2    str2= "Python"
3    print ("str1[0]: ", str1[0])
4    print ("str2[1:5]: ", str2[1:5])
```

以上实例执行结果如下：

```
str1[0]:   H
str2[1:5]:   unoo
```

2. 求字符串长度

len()函数直接返回字符串长度，返回类型为整型。

【例 5-5】len()函数应用

```
1   str1= 'Hello World!'
2   print ("str1 的长度: ", len(str1))
```

以上实例执行结果如下：

```
str1 的长度:   12
```

3. 字符串更新

可以截取字符串的一部分并与其他字段拼接。

【例 5-6】字符串截取与拼接

```
1   str1= 'Hello World!'
2   print ("更新后字符串  : ", str1[:6] + 'Weng!')
```

以上实例执行结果如下：

```
更新后字符串 :   Hello Weng!
```

4. 字符串替换

replace()函数支持字符串中的部分内容替换，如下例将字符串"AACBBBCAA"中的"BBB"替换为"AAA"。

【例 5-7】字符串替换

```
1   print( 'AACBBBCAA'.replace('BBB','AAA' ))
```

以上实例执行结果如下：

```
AACAAACAA
```

5. 在字符串中查找子串并返回子串的起始位置

【例 5-8】在字符串中查找子串

```
1   print ("DerisWeng".find("Weng"))
```

以上实例执行结果如下：

5

这表示"Weng"在"DerisWeng"中第 5 个字符开始的地方被找到。

6. 大小写转换

【例 5-9】字符串大小写转换

1	strU= "DerisWeng".upper()
2	print(strU)
3	strL = strU.lower()
4	print(strL)

以上实例执行结果如下：

```
DERISWENG
derisweng
```

7. 去空格

【例 5-10】去掉两边的空格

1	print("　　Hello,Deris,Weng　　".strip())

以上实例执行结果如下：

```
Hello,Deris,Weng
```

【例 5-11】只去掉左边的空格

1	print("　　Hello,Deris,Weng　　".lstrip())

以上实例执行结果如下：

```
Hello,Deris,Weng
```

注意，结果中"Weng"的后面有几个空格，由于印刷的原因，可能肉眼看不出来。

【例 5-12】只去掉右边的空格

1	print("　　Hello,Deris,Weng　　".rstrip())

以上实例执行结果如下：

Hello,Deris,Weng

注意，结果中"Hello"的前面有几个空格。

8. 按标志分割字符串

Python 中还提供了字符串分割功能，在数据清洗与预处理时，经常会用到按标志分割字符串的功能。字符串用 split（分割标志字符）分割成若干部分，分割结果放入列表中。

【例 5-13】字符串用逗号分割

```
1    print("Hello,Deris,Weng".split(","))
```

以上实例执行结果如下：

['Hello', 'Deris', 'Weng']

【例 5-14】字符串用指定字符分割

```
1    print("Hello,Deris,Weng".split("e"))
```

以上实例执行结果如下：

['H', 'llo,D', 'ris,W', 'ng']

5.2.3　字符串运算符

字符串支持的常用运算符如表 5-1 所示。

表 5-1　字符串支持的常用运算符

运　算　符	描　　述
+	字符串连接
*	字符串倍增
[]	通过索引获取字符串中的字符
[:]	截取字符串中的一部分
in	如果字符串中包含给定的字符，返回 True
not in	如果字符串中不包含给定的字符，返回 True
r/R	原始字符串：所有的字符串都直接按照字面的意思来使用，没有转义特殊或不能打印的字符。原始字符串除在字符串的第一个引号前加上字母"r"（大小写均可）以外，与普通字符串有着几乎完全相同的语法
%	格式字符串（具体实例将在 5.2.5 节介绍）

【例 5-15】字符串常用运算

```
1   a = "Deris"
2   b = "Weng"
3   print("a + b 输出结果: ", a + b)
4   print("a * 2 输出结果: ", a * 2)
5   print("a[1] 输出结果: ", a[1])
6   print("a[1:4] 输出结果: ", a[1:4])
7   if( "D" in a) :
8       print("D 在字符串 a 中")
9   else :
10      print("D 不在字符串 a 中")
11  if( "W" not in a) :
12      print("W 不在字符串 a 中")
13  else :
14      print("M 在字符串 a 中")
15  print (r'\n')
16  print (R'\n')
```

以上实例输出结果如下：

```
a + b 输出结果:  DerisWeng
a * 2 输出结果:  DerisDeris
a[1] 输出结果:  e
a[1:4] 输出结果:  eri
D 在字符串 a 中
W 不在字符串 a 中
\n
\n
```

5.2.4 字符串内建函数

Python 的字符串常用内建函数如表 5-2 所示。

表 5-2 Python 的字符串常用内建函数

函　　数	描　　述
capitalize()	将字符串的第一个字符转换为大写
center(width, fillchar)	返回一个指定宽度为 width 的居中的字符串，fillchar 为填充的字符，默认为空格
count(str, beg= 0,end=len(string))	返回 str 在 string 里出现的次数，如果 beg 或者 end 指定则返回指定范围内 str 出现的次数

续表

函　　　数	描　　　述
bytes.decode(encoding="utf-8", errors="strict")	Python 3 中没有 decode 方法，但我们可以使用 bytes 对象的 decode() 方法来解码给定的 bytes 对象，这个 bytes 对象可以由 str.encode() 来编码返回
encode(encoding='UTF-8',errors='strict')	以 encoding 指定的编码格式编码字符串，如果出错则默认报一个 ValueError 的异常，除非 errors 指定的是'ignore'或者'replace'
endswith(suffix, beg=0, end=len(string))	检查字符串是否以 obj 结束，如果 beg 或者 end 指定则检查在指定的范围内是否以 obj 结束，如果是，返回 True，否则返回 False
expandtabs(tabsize=8)	把字符串 string 中的 tab 符号转换为空格，tab 符号默认的空格数是 8
find(str, beg=0 end=len(string))	检查 str 是否包含在字符串中，如果 beg 和 end 指定范围，则检查是否包含在指定范围内，如果是返回开始的索引值，否则返回 −1
index(str, beg=0, end=len(string))	与 find()方法一样，只是如果 str 不在字符串中会报一个异常
isalnum()	如果字符串至少有一个字符并且所有字符都是字母或数字则返回 True，否则返回 False
isalpha()	如果字符串至少有一个字符并且所有字符都是字母则返回 True，否则返回 False
isdigit()	如果字符串只包含数字则返回 True，否则返回 False
islower()	如果字符串中包含至少一个区分大小写的字符，并且所有这些（区分大小写的）字符都是小写，则返回 True，否则返回 False
isnumeric()	如果字符串中只包含数字字符，则返回 True，否则返回 False
isspace()	如果字符串中只包含空白，则返回 True，否则返回 False
istitle()	如果字符串是标题化的（见 title()）则返回 True，否则返回 False
isupper()	如果字符串中包含至少一个区分大小写的字符，并且所有这些（区分大小写的）字符都是大写，则返回 True，否则返回 False
join(seq)	以指定字符串作为分隔符，将 seq 中所有的元素（的字符串表示）合并为一个新的字符串
len(string)	返回字符串长度
ljust(width[, fillchar])	返回一个原字符串左对齐，并使用 fillchar 填充至长度 width 的新字符串，fillchar 默认为空格
lower()	转换字符串中的所有大写字符为小写
lstrip()	截掉字符串左边的空格或指定字符
maketrans()	创建字符映射的转换表，对于接收两个参数的最简单的调用方式，第一个参数是字符串，表示需要转换的字符，第二个参数也是字符串，表示转换的目标
max(str)	返回字符串 str 中最大的字母
min(str)	返回字符串 str 中最小的字母

函　　数	描　　述
replace(old, new [, max])	将字符串中的 str1 替换成 str2，如果 max 指定，则替换不超过 max 次
rfind(str, beg=0,end=len(string))	类似于 find()函数，不过是从右边开始查找
rindex(str, beg=0, end=len(string))	类似于 index()，不过是从右边开始
rjust(width,[, fillchar])	返回一个原字符串右对齐，并使用 fillchar（默认空格）填充至长度 width 的新字符串
rstrip()	删除字符串末尾的空格
split(str="", num=string.count(str))	num=string.count(str) 以 str 为分隔符截取字符串，如果 num 有指定值，则仅截取 num 个子字符串
splitlines([keepends])	按照行（'\r', '\r\n', '\n'）分隔，返回一个包含各行作为元素的列表，如果参数 keepends 为 False，则不包含换行符，如果为 True，则保留换行符
startswith(str, beg=0,end=len(string))	检查字符串是否以 obj 开头，是则返回 True，否则返回 False。如果 beg 和 end 指定值，则在指定范围内检查
strip([chars])	在字符串上执行 lstrip()和 rstrip()
swapcase()	将字符串中的大写转换为小写，小写转换为大写
title()	返回"标题化"的字符串，即所有单词都是以大写开始，其余字母均为小写（见 istitle()）
translate(table, deletechars="")	根据 str 给出的表（包含 256 个字符）转换 string 的字符，要过滤掉的字符放到 deletechars 参数中
upper()	转换字符串中的小写字母为大写
zfill (width)	返回长度为 width 的字符串，原字符串右对齐，前面填充 0
isdecimal()	检查字符串是否只包含十进制字符，如果是则返回 True，否则返回 False

上述部分内建函数已经在部分章节中有详细的示例说明，由于篇幅的原因，此处不再赘述。

5.2.5　字符串格式化（%）

Python 支持格式化字符串的输出。最基本的用法是将一个值插入一个有字符串格式符 %的字符串中。

Python 的字符串格式化符号如表 5-3 所示。

表 5-3　Python 的字符串格式化符号

符　　号	描　　述
%c	格式化字符及其 ASCII 码
%s	格式化字符串
%d	格式化整数

续表

符　　号	描　　述
%u	格式化无符号整型数
%o	格式化无符号八进制数
%x	格式化无符号十六进制数
%X	格式化无符号十六进制数（大写）
%f	格式化浮点数字，可指定小数点后的精度
%e	用科学记数法格式化浮点数
%E	作用同%e，用科学记数法格式化浮点数
%g	%f 和%e 的简写
%G	%f 和%E 的简写
%p	用十六进制数格式化变量的地址

【例 5-16】字符串格式符%s 应用

1	print("我叫%s,今年%d 岁。" % ('DerisWeng', 18))

以上实例输出结果如下：

我叫 DerisWeng,今年 18 岁。

字符串格式化符号 %f 可指定小数点后的精度。

【例 5-17】字符串格式符%f 应用

1	price = 108.8528
2	print("该商品的售价为：%.2f" % price)

以上实例输出结果如下：

该商品的售价为：108.85

5.2.6　字符串格式化（format 函数）

Python 还提供了格式化字符串的函数 str.format()，它增强了字符串格式化的功能。

基本语法是通过 {} 和 : 来代替 5.2.5 节中的字符串格式化符号 % 。

str.format() 格式化数字的多种方法如表 5-4 所示。

表 5-4　str.format()格式化数字的方法

格　　式	描　　述
{:.2f}	保留小数点后两位
{:+.2f}	带符号保留小数点后两位

格　　式	描　　述
{:.0f}	不带小数
{:0>2d}	数字补零（填充左边，宽度为 2）
{:x<4d}	数字补 x（填充右边，宽度为 4）
{:,}	以逗号分隔的数字格式
{:.2%}	百分比格式
{:.2e}	指数记法
{:10d}	右对齐（默认，宽度为 10）
{:<10d}	左对齐（宽度为 10）
{:^10d}	中间对齐（宽度为 10）
'{:b}'.format(num)	二进制
'{:d}'.format(num)	十进制
'{:o}'.format(num)	八进制
'{:x}'.format(num)	十六进制
'{:#x}'.format(num)	十六进制，展示类似于 0x11
'{:#X}'.format(num)	十六进制，展示类似于 0X11

^、<、> 分别是居中、左对齐、右对齐，后面带宽度。

: 后面带填充的字符，只能是一个字符，若不指定则默认用空格填充。

+ 表示在正数前显示 +，负数前显示 −；空格表示在正数前加空格。

b、d、o、x 分别表示二进制、十进制、八进制、十六进制。

format 函数可以接收无限个参数，位置可以不按顺序。

【例 5-18】format 函数应用

```
1   s = 'DerisWeng'
2   # 占位符{}，默认顺序
3   print ('{} {}'.format('one', 'two'))
4   print('我的姓名为{},年龄{}岁,爱好{}'.format('DerisWeng','18','dancing'))
5   # 占位符{}，指定顺序
6   print ('{1} {0}'.format('one', 'two'))
7   print('我的姓名为{0},年龄{1}岁,爱好{2}'.format('DerisWeng','18','dancing'))
8   # 默认左对齐，占 30 个字符
9   print ('{:30}'.format(s))
10  # 默认左对齐，占 30 个字符，此处逗号表示两个字符串按顺序显示
11  print ('{:30}'.format(s),'abc')
12  # 右对齐，占 30 个字符
13  print ('{:>30}'.format(s) )
14  # 填充字符为-,^表示以居中方式显示，所有字符占 30 个位置
```

```
15   print ('{:-^30}'.format(s) )
16   # 填充字符为-，>表示以靠右方式显示，所有字符占 20 个位置
17   # 填充符号可以是符号、数字和字母
18   print ('{:->20}'.format(s) )
19   # 填充字符为+，<表示以靠左方式显示，所有字符占 20 个位置
20   print ('{:+<20}'.format(s))
21   # 填充字符为 q，<表示以靠左方式显示，所有字符占 20 个位置
22   print ('{:q<20}'.format(s))
23   # 填充字符为 1，<表示以靠左方式显示，所有字符占 20 个位置
24   print ('{:1<20}'.format(s))
25   # 填充字符为*，>表示以靠右方式显示，所有字符占 20 个位置
26   print ('{:*>20}'.format(s))
27   # 保留小数点后两位
28   print ('{:.2f}'.format(12345678))
29   # 千分位分隔
30   print ('{:,}'.format(12345678))
31   # 0 表示 format 中的索引号 index
32   print ('{0:b},{0:c},{0:d},{0:o},{0:x}'.format(42))
33   # 0 对应 42，1 对应 50
34   print ('{0:b},{1:c},{0:d},{1:o},{0:x}'.format(42,50))
35   # 默认 index 为 0
36   print ('{:b}'.format(42))
37   # 字符串 s 的最大输出长度为 2
38   print ('{:.2}'.format(s))
39   # 中文
40   print("{:好<20}".format(s))
```

以上实例输出结果如下：

```
one two
我的姓名为 DerisWeng,年龄 18 岁,爱好 dancing
two one
我的姓名为 DerisWeng,年龄 18 岁,爱好 dancing
DerisWeng
DerisWeng                          abc
                    DerisWeng
----------DerisWeng-----------
-----------DerisWeng
DerisWeng+++++++++++
DerisWengqqqqqqqqqqq
```

DerisWeng11111111111
***********DerisWeng
12345678.00
12,345,678
101010,*,42,52,2a
101010,2,42,62,2a
101010
De
DerisWeng 好好好好好好好好好好好

【例 5-19】千分位、浮点数、填充字符、对齐的组合使用

```
1    #:冒号+空白填充+右对齐+固定宽度 18+浮点精度.2+浮点数声明 f
2    print ('{:>18,.2f}'.format(70305084.0))
```

以上实例输出结果如下：

```
'        70,305,084.00'
```

【例 5-20】复杂数据格式化——列表数据

```
1    data = [4, 8, 15, 16, 23, 42]
2    print ('{d[4]} {d[5]}'.format(d=data))
```

以上实例输出结果如下：

```
23   42
```

【例 5-21】复杂数据格式化——字典数据

```
1    class Plant(object):
2        type = 'Student'
3        kinds = [{'name': 'Deris'}, {'name': 'Christopher'}]
4
5    print ('{p.type}: {p.kinds[0][name]}'.format(p=Plant()))
```

以上实例输出结果如下：

```
Student: Deris
```

【例 5-22】通过字典设置参数

```
1   data = {'first': 'Hodor', 'last': 'Hodor!', 'last2': 'Hodor2!'}
2   print ('{first} {last} {last2}'.format(**data))
3   # format(**data) 等价于 format(first='Hodor',last='Hodor!',last2='Hodor2!')
```

以上实例输出结果如下：

Student: Deris

【例 5-23】通过列表索引设置参数

```
1   my_list = ['Python', 'www.Python.com']
2   print("网站名：{0[0]}，地址 {0[1]}".format(my_list))
```

以上实例输出结果如下：

网站名：Python, 地址 www.Python.com

【例 5-24】控制长度的两种等效做法

```
1   print ('{:.{}}'.format('DerisWeng', 7))
2   # 等价于
3   print ('{:.7}'.format('DerisWeng'))
```

以上实例输出结果如下：

DerisWe
DerisWe

【例 5-25】使用花括号 {} 来转义花括号

```
1   print ("{} 对应的位置是 {{0}}".format("Deris"))
```

以上实例输出结果如下：

Deris 对应的位置是 {0}

5.2.7 字符串截取（切片）

切片的含义是从一个集合中挑选出需要的子集。列表、元组和字符串都支持切片运算。

【例 5-26】a,b 为参数。从字符串指针为 m 的地方开始截取字符，到 n 的前一个位置（因

为不包含 b）

```
1    str1 = "Deris Weng"
2    print(str1[2: 5])
```

以上实例输出结果如下：

```
ris
```

可以使用默认风格的下标，如下例所示。

【例 5-27】如果 m,n 均不填写，则默认取全部字符，即下面这两个打印结果是一样的

```
1    str1 = "Deris Weng"
2    print(str1 [: ])
3    print(str1)
```

以上实例输出结果如下：

```
Deris Weng
Deris Weng
```

【例 5-28】如果 m 填写，n 不填写（或填写的值大于指针下标），则默认从 m 开始截取，至字符串最后一位

```
1    str1 = "Deris Weng"
2    print(str1 [3: ])
```

以上实例输出结果如下：

```
is Weng
```

【例 5-29】如果 m 不填写，n 填写，则默认从 0 位开始截取，至 b 的前一位

```
1    str1 = "Deris Weng"
2    print(str1[: 8])
```

以上实例输出结果如下：

```
Deris We
```

可以使用"倒数第 N 个元素"风格的下标，如下例所示。

【例 5-30】如果 m 为负数，则默认从尾部某一位开始向后截取

1	str1 = "Deris Weng"
2	print(str1[-2:])

以上实例输出结果如下：

```
ng
```

【例 5-31】如果 m>=n，默认输出为空

1	str1 = "Deris Weng"
2	print(str1[3: 3])
3	print(str1[3: 2])

以上实例输出结果为空。

还可以在引用中使用两个冒号，形如"L:M:N"，表示从 L 开始到 M，每隔 N 个元素取值。

【例 5-32】使用两个冒号

1	str1 = "Deris Weng"
2	print(str1[2:-1:2])

以上实例输出结果如下：

```
rsWn
```

从第 2 个元素开始到倒数第 1 个元素，每 2 个元素打印一个 str1 中的字符。

对于"L:M:N"格式，还可以不指定 L 与 M 的值，那么操作的对象就是整个字符串。

【例 5-33】不指定 L 与 M 的值，操作整个字符串

1	str1 = "Deris Weng"
2	print(str1[::2])

以上实例输出结果如下：

```
DrsWn
```

注意，第一个冒号两边都是空的，空的含义是整个字符串。由于字符串处理表达式要比字符串处理函数更有效率，因此在字符串处理方面为开发者提供了很大便利。

切片操作返回的是和被切片对象相同类型对象的副本，切片运算不会改变数据类型的规

律，字符串的切片还是字符串。

5.2.8　转义字符

如果需要在字符中使用特殊字符，Python 会用反斜杠（\）转义字符，如表 5-5 所示。

表 5-5　Python 中的转义字符

转 义 字 符	描　　述
\	续行符（注意\在行尾）
\\	反斜杠符号
\'	单引号
\"	双引号
\a	响铃
\b	退格
\e	转义
\000	空
\n	换行
\v	纵向制表符
\t	横向制表符
\r	回车
\f	换页
\oyy	八进制数，yy 代表字符，例如：\o12 代表换行
\xyy	十六进制数，yy 代表字符，例如：\x0a 代表换行
\other	其他的字符以普通格式输出

转义字符\可以转义很多字符，例如：\n 表示换行，\t 表示制表符。字符\本身也要转义，所以\\表示的字符就是\。可以在 Python 的交互式命令行用 print()打印字符串，如以下例题所示。

【例 5-34】转义字符\'应用

```
1    print('I\'m ok.')
```

输出结果如下：

```
I'm ok.
```

【例 5-35】转义字符\n 应用

```
1    print('I\'m learning\nPython.')
```

输出结果如下：

```
I'm learning
Python.
```

【例 5-36】转义字符\\应用

1	print('\\\n\\')

输出结果如下：

```
\
\
```

5.2.9　文件的打开

在本章 5.1.2 节的案例 2 中已经介绍了 Python 可以利用 open 函数打开文件。open 函数中，参数"r"的含义是以"只读"方式打开文件；"w"的含义是以"只写"方式打开文件；"a"的含义是以"添加"方式打开文件。此外，Python 还提供了其他参数，如表 5-6 所示。表中带"b"的表示以二进制格式打开，不带"b"的均为文本方式打开。

表 5-6　文件的打开方式

方　式	描　述
r	以只读方式打开文件。文件的指针将会放在文件的开头。这是默认方式
rb	以二进制格式打开一个文件，用于只读。文件指针将会放在文件的开头。这是默认方式
r+	打开一个文件，用于读/写。文件指针将会放在文件的开头
rb+	以二进制格式打开一个文件，用于读/写。文件指针将会放在文件的开头
w	打开一个文件，只用于写入。如果该文件已存在则将其覆盖；如果该文件不存在，则创建新文件
wb	以二进制格式打开一个文件，只用于写入。如果该文件已存在则将其覆盖；如果该文件不存在，则创建新文件
w+	打开一个文件，用于读/写。如果该文件已存在则将其覆盖；如果该文件不存在，则创建新文件
wb+	以二进制格式打开一个文件，用于读/写。如果该文件已存在则将其覆盖；如果该文件不存在，则创建新文件
a	打开一个文件，用于追加。如果该文件已存在，文件指针将会放在文件的结尾，也就是说，新的内容将会被写入已有内容之后；如果该文件不存在，则创建新文件用于写入
ab	以二进制格式打开一个文件，用于追加。如果该文件已存在，文件指针将会放在文件的结尾，也就是说，新的内容将会被写入已有内容之后；如果该文件不存在，则创建新文件用于写入
a+	打开一个文件，用于读/写。如果该文件已存在，文件指针将会放在文件的结尾，文件打开时是追加模式；如果该文件不存在，则创建新文件用于读/写
ab+	以二进制格式打开一个文件，用于读/写。如果该文件已存在，文件指针将会放在文件的结尾；如果该文件不存在，则创建新文件用于读/写

【例 5-37】将字符串写入文件 test.txt 中

```
1   # 打开一个文件
2   f = open("test.txt", "w")
3   f.write( "我的名字叫 DerisWeng。\n 让我们一起开启 Python 编程之旅！\n" )
4   # 关闭打开的文件
5   f.close()
```

执行完后，打开文件 test.txt，显示如下：

我的名字叫 DerisWeng。
让我们一起开启 Python 编程之旅！

5.2.10 文件对象的各种方法

本节中的例子在 5.2.9 节的基础上，假设已经创建了一个名称为 f 的文件对象。

1. f.read()

为了读取一个文件的内容，调用 f.read(size)，这将读取一定数目的数据，然后作为字符串或字节对象返回。

size 是一个可选的数字类型的参数。f.read(size)方法从文件当前位置起读取 size 个字节，若无参数 size 或其为负，则表示读取至文件结束为止，它返回字符串对象。

以下实例假定文件 test.txt 已存在（上面【例 5-37】中已创建）。

【例 5-38】f.read()的使用

```
1   # 打开一个文件
2   f = open("test.txt", "r")
3   str = f.read()
4   print(str)
5   # 关闭打开的文件
6   f.close()
```

以上实例输出结果如下：

我的名字叫 DerisWeng。
让我们一起开启 Python 编程之旅！

【例 5-39】f.read(size)的使用

```
1   # 打开一个文件
```

```
2    f = open("test.txt", "r")
3    str = f.read(2)
4    print(str)
5    # 关闭打开的文件
6    f.close()
```

以上实例输出结果如下：

我的

2. f.readline()

f.readline() 会从文件中读取单独的一行，换行符为 '\n'。它每次读出一行内容，所以，读取时占用内存小，比较适合大文件。它返回的也是字符串对象。

【例 5-40】f. readline ()读出一行

```
1    # 打开一个文件
2    f = open("test.txt", "r")
3    str = f.readline()
4    print(str)
5    # 关闭打开的文件
6    f.close()
```

以上实例输出结果如下：

我的名字叫 DerisWeng。

【例 5-41】f.readline ()读出多行

```
1    # 打开一个文件
2    f = open("test.txt", "r")
3    line = f.readline()
4    while line:
5        print(line, end=")
6        line = f.readline()
7    # 关闭打开的文件
8    f.close()
```

以上实例输出结果如下：

我的名字叫 DerisWeng。

让我们一起开启 Python 编程之旅！

3. f.readlines()

f.readlines() 将返回该文件中包含的所有行。它读取整个文件的所有行，并将其保存在一个列表变量中，每行作为一个元素。它读取大文件会比较占内存。

如果设置可选参数 sizehint，则读取指定长度的字节，并且将这些字节按行分隔。

【例 5-42】f.readlines ()读行

```
1    # 打开一个文件
2    f = open("test.txt", "r")
3    str = f.readlines()
4    print(str)
5    # 关闭打开的文件
6    f.close()
```

以上实例输出结果如下：

['我的名字叫 DerisWeng。\n', '让我们一起开启 Python 编程之旅！\n']

【例 5-43】利用 f.readlines ()遍历读行

```
1    # 打开一个文件
2    f = open("test.txt", "r")
3    lines = f.readlines()
4    for line in lines:
5        print(line, end=")
6    f.close()
```

以上实例输出结果如下：

我的名字叫 DerisWeng。
让我们一起开启 Python 编程之旅！

还有一种方式是迭代一个文件对象然后读取每行。

【例 5-44】迭代读取每行

```
1    # 打开一个文件
2    f = open("test.txt", "r")
3    for line in f:
4        print(line, end=")
```

```
5    # 关闭打开的文件
6    f.close()
```

以上实例输出结果如下：

我的名字叫 DerisWeng。
让我们一起开启 Python 编程之旅！

4．f.write()

f.write(string) 将 string 写入文件中，然后返回写入的字符数。

【例 5-45】写入字符

```
1    # 打开一个文件
2    f = open("test.txt", "w")
3    str1= f.write("我的名字叫 DerisWeng。\n 让我们一起开启 Python 编程之旅！\n" )
4    print(str1)
5    # 关闭打开的文件
6    f.close()
```

以上实例输出结果如下：

35

如果要写入一些不是字符串的内容，则需要先进行转换。

【例 5-46】写入非字符串前先进行转换

```
1    # 打开一个文件
2    f = open("test2.txt", "w")
3    value = ('www.Python.com', 100)
4    s = str(value)
5    f.write(s)
6    # 关闭打开的文件
7    f.close()
```

执行完后，打开文件 test2.txt，显示如下：

('www.Python.com', 100)

5. f.close()

当处理完文件后，可调用 f.close() 关闭文件并释放系统资源。关闭后如果尝试再调用该文件，则会抛出异常。

【例 5-47】关闭后再调用抛出异常

1	# ……代码省略
2	f.close()
3	f.read()

以上实例输出结果如下：

```
Traceback (most recent call last):
  File " test2.py", line3, in <module>
    f.read()
ValueError: I/O operation on closed file.
```

当处理一个文件对象时，使用 with 关键字是一个非常好的方式，它会在结束后帮程序自动关闭文件。

【例 5-48】with 关键字的使用

1	with open('test.txt', 'r') as f:
2	read_data = f.read()
3	f.closed # 判断文件 f 是否已经关闭

以上实例输出结果如下：

```
True
```

文件对象还有其他方法，限于篇幅不再罗列。

5.2.11   相关的文件、目录操作函数以及会引起的异常处理

实际应用中在对文件操作的过程中可能还需要对文件系统进行操作。例如，在打开某文件前需要确定当前目录中是否包含想打开的文件。在使用这些工具时需要引入 os.py，常用的文件和目录函数如下。

1. 获得当前目录的名称

```
import os
os.getcwd()              #该函数的返回值是当前的绝对路径
```

2. 获得当前目录的文件和子目录列表

import os

os.listdir(path_str)

listdir(path_str)函数的返回值是一个列表，列表中包含路径 path_str（字符串变量）下所有文件和目录的名称。

3. 文件删除和异常处理

import os

os.remove("file_name")

remove()函数用来删除"file_name"字符串所指定的文件，但是如果 file_name 所指定的文件名称不存在就会引起错误。

【例 5-49】remove()函数错误使用

```
1   import os
2   print(os.remove("AAA"))
```

输出结果如下：

```
Traceback(most recent call last):
File "test2.py",line 1,in <module>
FileNotFoundError: [WinError 2] 系统找不到指定的文件。:'AAA'
```

程序中有一些代码执行是有风险的，会导致程序不能成功地执行。开发人员对这种"异常"应当有所预见，在适当的时候捕获异常，并提供优雅的解决方案。和大多数其他语言一样，Python 也提供了"异常处理"机制，这个机制可以捕获风险，开发人员可以根据风险类型确定程序流程。

【例 5-50】异常处理

```
1   import os
2   try:
3       os.remove("AAA ")
4   except(OSError):
5       print("有错误，文件找不到！")
6   print("程序继续执行......")
```

输出结果如下：

```
有错误，文件找不到！
程序继续执行......
```

如果找不到文件"AAA"则触发"异常"，不会中止程序，而是进行错误处理后返回程序流程。

4. 文件改名

【例 5-51】文件改名

1	import os
2	os.rename("old_file_name", "new_file_name")

rename()函数的功能是将文件的旧名称改成新名称。

5.3　小结与习题

5.3.1　小结

在输入、输出、读/写文件方面，字符串是最直观的数据。本章案例 1 对第 4 章猜字游戏案例中的字符串拼接进行优化，将游戏中的日志信息转化成字符串形式，为后续将日志文件存储到文本文件中做准备。本章案例 2 利用文本文件来读/写存储游戏过程日志，构建文件读/写工具函数 FileTools 来方便地进行文件的读/写。

字符串是 Python 语言的一个常用的数据类型，也是存储信息的一种便捷方式，可以将字符串保存到文本文件中，方便数据的物理存储。常见的方式是将其他数据类型转换成字符串类型，然后再将字符串保存到文本文件中。

字符串以成对单引号、双引号或跨行三引号语法构成，其支持转义、八进制、十六进制或 Unicode 格式字符。用单引号还是双引号并没有特殊的限制。如果文本内引用文字使用双引号，那么外面用单引号可避免转义，更易阅读。通常情况下，建议遵循多数编程语言的惯例，使用双引号标示。除去单引号在英文句法里的特殊用途外，它还常用来表示单个字符。

通过本章对字符串和文件相关知识的学习，读者不但可以学会字符串的写法，还能利用字符串来进行一些操作，比如访问字符串中的值、计算字符串的长度、在字符串中取出子串等，并且能够利用文件存储字符串，掌握文本文件的读/写操作的基本方法和步骤。同时通过实例的训练，学会字符串内建函数的方法、利用函数打开文件，以及一些特殊字符的使用。

5.3.2　习题

1. 列举几个 Python 常用的字符串操作。
2. Python 提供了哪几种字符串格式化方法？请举例说明。
3. Python 提供的文件操作有哪些？请举例说明。
4. 文件导入时"r"和"w"有何区别？

5.4　课外拓展

云计算是继 20 世纪 80 年代大型计算机到客户端—服务器的大转变之后的又一种巨变。

云计算（Cloud Computing）是分布式计算（Distributed Computing）、并行计算（Parallel Computing）、效用计算（Utility Computing）、网络存储（Network Storage Technologies）、虚拟化（Virtualization）、负载均衡（Load Balancing）、热备份冗余（High Available）等传统计算机和网络技术发展融合的产物。

云计算是基于互联网的相关服务的增加、使用和交付模式，通常涉及通过互联网来提供动态易扩展且经常是虚拟化的资源。

美国国家标准与技术研究院（NIST）定义：云计算是一种按使用量付费的模式，这种模式提供可用的、便捷的、按需的网络访问，进入可配置的计算资源共享池（资源包括网络、服务器、存储、应用软件、服务），这些资源能够被快速提供，只需投入很少的管理工作，或与服务供应商进行很少的交互。XenSystem，以及在国外已经非常成熟的 Intel 和 IBM，各种云计算的应用服务范围正日渐扩大，影响力也无可估量。

由于云计算应用的不断深入，以及对大数据处理需求的不断扩大，用户对性能强大、可用性高的 4 路、8 路服务器需求出现明显提速，这一细分产品同比增速超过 200%。

IBM 在这一领域占有相当的优势，更值得关注的是，浪潮仅以天梭 TS850 一款产品在 2011 年实现了超过 15%的市场占有率，以不到 1%的差距排名IBM和 HP 之后，位列中国高端服务器三强。

2012 年浪潮斥资近十亿元研发的 32 路高端容错服务器天梭 K1 系统尚未面世，其巨大的市场潜力有待挖掘。

1983 年，太阳计算机系统公司（Sun Microsystems）提出"网络是计算机"（"The Network is the Computer"）的理念；2006 年 3 月，亚马逊（Amazon）推出弹性计算云（Elastic Computing Cloud；EC2）服务。

2006 年 8 月 9 日，Google 首席执行官埃里克·施密特（Eric Schmidt）在搜索引擎大会（SES San Jose 2006）上首次提出"云计算"（Cloud Computing）的概念。Google "云端计算"源于 Google 工程师克里斯托弗·比希利亚所做的"Google 101"项目。

2007 年 10 月，Google 与 IBM 开始在美国大学校园，包括卡内基梅隆大学、麻省理工学院、斯坦福大学、加州大学伯克利分校及马里兰大学等，推广云计算的计划，这项计划希望能降低分布式计算技术在学术研究方面的成本，并为这些大学提供相关的软硬件设备及技术支持（包括数百台 PC 及 BladeCenter 与 System x 服务器，这些计算平台将提供 1600 个处理器，支持包括Linux、Xen、Hadoop等开放源代码平台），而学生则可以通过网络开发各项以大规模计算为基础的研究计划。

2008 年 1 月 30 日，Google 宣布在中国台湾启动"云计算学术计划"，与台湾台大、交大等学校合作，将这种先进的大规模、快速云计算技术推广到校园。

2008 年 2 月 1 日，IBM（NYSE: IBM）宣布在中国无锡太湖新城科教产业园为中国的软件公司建立全球第一个云计算中心（Cloud Computing Center）。

2008 年 7 月 29 日，雅虎、惠普和英特尔宣布一项涵盖美国、德国和新加坡的联合研究计划，推出云计算研究测试床，推进云计算。该计划要与合作伙伴创建 6 个数据中心作为研究试验平台，每个数据中心配置 1400～4000 个处理器。这些合作伙伴包括新加坡资讯通信发展管理局、德国卡尔斯鲁厄大学 Steinbuch 计算中心、美国伊利诺伊大学香槟分校、英特尔研究院、惠普实验室和雅虎。

2008 年 8 月 3 日，美国专利商标局网站信息显示，戴尔正在申请"云计算"（Cloud

Computing）商标，此举旨在加强对这一未来可能重塑技术架构的术语的控制权。

2010 年 3 月 5 日，Novell 与云安全联盟（CSA）共同宣布一项供应商中立计划，名为"可信任云计算计划"（Trusted Cloud Initiative）。

2010 年 7 月，美国国家航空航天局和包括 Rackspace、AMD、Intel、戴尔等在内的支持厂商共同宣布"OpenStack"开放源代码计划，微软在 2010 年 10 月表示支持 OpenStack 与 Windows Server 2008 R2 的集成，而 Ubuntu 已把 OpenStack 加至 11.04 版本中。

2011 年 2 月，思科系统正式加入OpenStack，重点研制 OpenStack 的网络服务。

云计算是通过使计算分布在大量的分布式计算机上，而非本地计算机或远程服务器中，使企业数据中心的运行与互联网更相似。这使得企业能够将资源切换到需要的应用上，根据需求访问计算机和存储系统。

好比是从古老的单台发电机模式转向了电厂集中供电的模式。它意味着计算能力也可以作为一种商品进行流通，就像煤气、水电一样，取用方便，费用低廉。最大的不同在于，它是通过互联网进行传输的。

被普遍接受的云计算特点如下：

1．超大规模

"云"具有相当的规模，Google 云计算已经拥有 100 多万台服务器，Amazon、IBM、微软、Yahoo 等的"云"均拥有几十万台服务器。企业私有云一般拥有数百上千台服务器。"云"能赋予用户前所未有的计算能力。

2．虚拟化

云计算支持用户在任意位置、使用各种终端获取应用服务。所请求的资源来自"云"，而不是固定的、有形的实体。应用在"云"中某处运行，但实际上用户无须了解、也不用担心应用运行的具体位置。只需要一台笔记本电脑或者一个手机，就可以通过网络服务来实现我们需要的一切，甚至包括超级计算这样的任务。

3．高可靠性

"云"使用了数据多副本容错、计算节点同构可互换等措施来保障服务的高可靠性，使用云计算比使用本地计算机可靠。

4．通用性

云计算不针对特定的应用，在"云"的支撑下可以构造出千变万化的应用，同一个"云"可以同时支撑不同的应用运行。

5．高可扩展性

"云"的规模可以动态伸缩，满足应用和用户规模增长的需要。

6．按需服务

"云"是一个庞大的资源池，用户按需购买；云可以像自来水、电、煤气那样计费。

7．极其廉价

由于"云"的特殊容错措施使得可以采用极其廉价的节点来构成云，"云"的自动化集中式管理使大量企业无须负担日益高昂的数据中心管理成本，"云"的通用性使资源的利用率较之传统系统大幅提升，因此用户可以充分享受"云"的低成本优势，经常只要花费几百美元、几天时间就能完成以前需要数万美元、数月时间才能完成的任务。

云计算可以彻底改变人们未来的生活，但同时也要重视环境问题，这样才能真正为人类进步做贡献，而不是简单的技术提升。

8．潜在的危险性

云计算服务除了提供计算服务外，还必然提供存储服务。但是云计算服务当前垄断在私人机构（企业）手中，而他们仅仅能够提供商业信用。对于政府机构、商业机构（特别是像银行这样持有敏感数据的商业机构）而言，选择云计算服务应保持足够的警惕性。一旦商业用户大规模使用私人机构提供的云计算服务，无论其技术优势有多强，都不可避免地让这些私人机构以"数据（信息）"的重要性挟制整个社会。对于信息社会而言，"信息"是至关重要的。另外，云计算中的数据对于数据所有者以外的其他云计算用户是保密的，但是对于提供云计算的商业机构而言却毫无秘密可言。所有这些潜在的危险，是商业机构和政府机构选择云计算服务，特别是国外机构提供的云计算服务时，不得不考虑的一个重要的前提。

（引自百度百科）

（原文：*Cloud computing is a style of computing in which dynamically scalable and often virtualized resources are provided as a service over the Internet*）

5.5　实训

5.5.1　实训 1：字符串

一、实训目的

1．学会字符串的连接、格式化、转换和分割。

2．掌握子集的选择：切片运算。

3．掌握字符串与列表的转换。

4．了解字符与 ASCII 码的转换。

二、单元练习

定义：str = "www.Python.com"，写出执行下面语句后的结果。

语　　句	执 行 结 果	描述语句的作用
print(str.upper())		
print(str.lower())		
print(str.title())		
print(str.capitalize ())		
print(str.isalnum())		
print(str.isalpha())		
print(str.isdigit())		
print(str.islower())		

续表

转 义 字 符	执 行 结 果	描述语句的作用
print(str.isupper())		
print(str.istitle())		
print(str.isspace())		

三、实训任务

任务 1：【字符串基础训练】

1．字符串 a = "　t　　he　DerisChris toPher　is kind　　"，编写代码去掉字符串的空格。

程序编写于下方

2．字符串 a = "hello"，b = "append"，编写代码将两个字符串连接起来。

程序编写于下方

3．字符串 a = "good student"，编写代码查找"s"在字符串中的位置。

程序编写于下方

4．字符串 a = "good student"，编写代码计算长度。

程序编写于下方

5．字符串 a = "good Student"，编写代码使字符串大写输出。

程序编写于下方

6．字符串 a = "good Student"，编写代码使字符串逆序输出。

程序编写于下方

7．字符串　a = "good Student"，b = "o"，编写代码查找字符串 b 在 a 中的位置。

程序编写于下方

8．字符串 a = "good Student"，编写代码使字符串大小写互换。

程序编写于下方

9．字符串 a = "good Student"，编写代码将字符串中的 o 替换为 C。

程序编写于下方

10．字符串 a = "good"，为该字符串添加元素"Student"。

程序编写于下方

11．在屏幕上打印出\n。

程序编写于下方

12．在 Python 中保留两位小数输出π。

程序编写于下方

13．现有字符串"5"，格式化字符串使其输出"05""5aa"。

程序编写于下方

任务 2：【字符串中子串出现的次数】

计算字符串中子串出现的次数。要求：用户输入一个字符串，然后再输入一个子串，编写程序判断该子串在字符串中出现的次数，最后打印出来。

程序编写于下方

任务 3：【字符串排序】

对字符串进行排序。要求：用户输入多个字符串，字符串直接用特殊符号逗号（,）隔开，编写程序对输入的多个字符串进行排序，最后根据排序结果打印出来。

程序编写于下方

任务 4：【敏感词替换】

对字符串中的敏感词进行替换。要求：根据需要定义一个敏感词库，如 words=('暴力', '非法', '攻击')，然后用户输入一个字符串，如果该字符串中有 words 中的敏感词汇，将对该字符串进行敏感词汇的替换（用***替换敏感词汇），最后把替换后的字符串打印出来。

程序编写于下方

四、拓展任务

任务 1：【字符串加密】

要求：编写一个函数实现字符串加密，先将字符串中每个字符的 ASCII 码都加 10，转换成另外一个字符，然后再转成字符形式，获得加密后的字符串。

提示：ord()函数主要用来返回对应字符的 ASCII 码，chr()函数主要用来表示 ASCII 码对应的字符。

程序编写于下方

任务 2：【字符串解密】

要求：编写一个函数实现字符串解密，实现对任务 1 中加密过的字符串的解密功能。

程序编写于下方

任务 3：【将字符串日期转换为易读的日期格式】

要求：编写程序实现将字符串日期转换为易读的日期格式。例如，将"Aug 28 2018 12:00AM"转换为"2018-08-28 00:00:00"。

提示：可以用 dateutil 库中的 parser 函数。

程序编写于下方

任务 4：【赛手的名单】

两个乒乓球队进行比赛，各出三人。甲队为 a,b,c 三人，乙队为 x,y,z 三人。已抽签决定比赛名单。有人向队员打听比赛的名单，a 说他不和 z 比，c 说他不和 x,y 比，请编写程序找出三对赛手的名单。

程序编写于下方

5.5.2　实训 2：文件

一、实训目的

1．能够利用文件存储字符串。

2．掌握文本文件的读/写。

二、单元练习

请按照要求填写下面空白处，实现相应的功能。

1. 显示目录内容：

1	import glob
2	filelist = glob._____ ('*.jpg') + glob._____ ('*.gif')

2. 判断权限：

1	if os.access(myfile, _):
2	print(myfile, '具有写权限')
3	if os.access(myfile,_____, _____, _____):
4	print(myfile, '具有读、写以及执行权限')

3. 删除一组以 .jpg 和 .gif 为扩展名的文件：

1	for file in glob._____ ('*.jpg') + glob._____ ('*.gif'):
2	os._____ (file)

三、实训任务

任务 1：【文件基础训练】

1. 在当前目录下创建一个"test.log"文件。

程序编写于下方

2. 在 test 文件中写入"Hello Word"。

程序编写于下方

3. 在 test 文件的"Hello Word"后面输入"Python"。

程序编写于下方

4．查找当前文件操作标记的位置（提示：seek()）。

程序编写于下方

5．把文件操作符的位置移到最前面。

程序编写于下方

6．以二进制格式输出 test 文件。

程序编写于下方

7．关闭 test 文件。

程序编写于下方

8．删除 test 文件。

程序编写于下方

9．编写代码，输出当前 Python 脚本工作的目录路径。

程序编写于下方

任务 2：【文件内容合并】

有两个磁盘文件 A 和 B，各存放一行字母，要求编写代码将这两个文件中的信息合并，并按字母先后顺序排列，最后输出到一个新文件 C 中。

程序编写于下方

四、拓展任务

任务：【文件存储】

从键盘输入一个字符串，将小写字母全部转换成大写字母，然后输出到一个磁盘文件"test"中保存，并实现循环输入，直到输入一个#为止。

程序编写于下方

第6章 字典与集合

⊞ **学习任务**

本章将学习 Python 中常用的数据结构字典与集合的相关知识。通过本章的学习，读者应学会字典的声明和使用，了解字典键的特性，熟练使用字典内置函数与方法，掌握集合的定义与基本操作，掌握集合运算，熟练使用集合内置函数与方法。同时通过实例的训练，学会字典与集合的综合应用。

⊞ **知识点**

➢ 字典的声明和使用
➢ 字典基本操作
➢ 字典键的特性
➢ 字典内置函数与方法
➢ 集合的声明和使用
➢ 集合基本操作
➢ 集合内置函数与方法

6.1 案例

案例： 利用字典改进猜字游戏

第 5 章中的案例采用列表的方式，记录下来一次游戏中猜字的所有情况，本章将继续对猜字游戏进行改进，允许用户在游戏结束后继续进行下一次游戏，直到用户选择退出游戏。同时，用户可以查看每次游戏的猜字情况。

对 TestGame.py 进行修改，如下所示：

```
1    from Game import *              # 引入 Game.py 中的所有函数
2    title = '1：我要玩猜字游戏'
3    title += '\n2：看看每次的猜字情况'
4    title += '\n3：看看某次的猜字情况'
5    title += '\n4：退出程序'
6    logdic = {}
7    times = 0
8    while True:
9        print(title)
10       choice = int(input('请输入编号：'))
11       if   choice == 1:
```

```
12              times += 1
13              x = eval(input("随机数的最小值："))
14              y = eval(input("随机数的最大值："))
15              z = eval(input("猜测次数："))
16              logList = GuessNumGame(x, y, z)
17              print(logList)
18              strLog = ",".join(map(str, logList))
19              logdic[times]=strLog
20          elif choice == 2:
21              for key in logdic.keys():
22                  print('第{}次游戏：'.format(key),logdic[key])
23          elif choice == 3:
24              cnt = eval(input("请输入第几次："))
25              print('第{}次游戏：'.format(cnt), logdic.get(cnt))
26          elif choice == 4:
27              quit()
```

案例说明

第 2～5 行：利用字符串的拼接定义了一个游戏标题。

第 6 行：定义了一个空字典 logdic，用来存储每次游戏的情况。字典的使用也非常简单，相较于列表声明使用"[]"，元组声明使用"()"，字典的声明使用"{}"。例如：logdic={}，声明了一个空字典。

第 7 行：定义 times，用来记录玩游戏的次数。

第 12 行：每玩一次 times 计数增加 1。

第 19 行："logdic[times]=strLog"，Python 的字典利用"Key-Value"（键－值）机制存入数据，将 times 作为 Key 向字典 logdic 写入 Value，Value 为 strLog。

字典中的数据最关键的特性是"Key-Value"键值对，即每个数据都要提供一个"Key"（键），而字典正是用"Key"来标志和定位"Value"（数据）的。Python 允许使用任何数据类型的 Key，而字典中的 Key 必须唯一，Value 可以重复。

第 21 行：利用 for 语句遍历字典 logdic，采用"for key in logdic.keys()"，字典中的数据是无序的，仅与 key 有关。

第 22 行：利用 format 格式化方式，输出结果。直接访问"logdic[key]"查看对应的 Value 值。利用 Key 取出了数据记录的 Value，这是一种直接引用数据记录的形式。

第 25 行：利用 get 方法引用 Value——"logdic.get(cnt)"。

直接引用"logdic[key]"和利用 get 方法引用"logdic.get(cnt)"的区别是，在没有找到记录时直接引用"logdic[key]"会产生错误退出程序，而利用 get 方法"logdic.get(cnt)"则会返回"None"，所以在不能确定是否能找到 Value 的值时最好使用 get 方法。

6.2 知识梳理

6.2.1 字典的定义

字典是另一种可变容器模型，且可存储任意类型对象。字典的每个键值对（key=>value）用冒号（:）分割，每个键值对之间用逗号（,）分割，整个字典包括在花括号（{}）中，格式如下所示：

```
1    d = {'key1' : value1, 'key2': value2 }
```

【例 6-1】一个简单的字典实例

```
1    dict = {'张三': 25, '李四': 16, '王五': 40}
```

字典注意事项：

（1）键必须是唯一的，但值可以不唯一。

（2）值可以取任何数据类型，但键必须是不可变的，如字符串、数字或元组。

（3）字典的键值是"只读"的，所以不能对键和值分别进行初始化，下面的示例结果会报错。

（4）在 Python 中，空花括号（{}）用于创建空字典。

【例 6-2】键不可以初始化

```
1    dic = {}
2    dic.keys = (1,2,3,4,5,6)
```

以上实例执行结果如下：

```
Traceback (most recent call last):
    File "test.py", line 1, in <module>
AttributeError: 'dict' object attribute 'keys' is read-only
```

【例 6-3】值是只读的，不可以修改

```
1    dic = {}
2    dic.keys = (1,2,3,4,5,6)
3    dic.values = ("a","b","c","d","e","f")
```

以上实例执行结果如下：

Traceback (most recent call last):
   File " test.py ", line 1, in <module>
AttributeError: 'dict' object attribute 'values' is read-only

6.2.2　访问字典里的值

访问字典中的值可以通过 dict[Key]的方式，即把相应的键放到方括弧[]中进行访问。

【例 6-4】通过直接引用访问字典中的值

```
1    dict = {'Name': 'DerisWeng', 'Age': 7, 'Class': 'First'}
2    print ("dict['Name']: ", dict['Name'])
3    print ("dict['Age']: ", dict['Age'])
```

以上实例输出结果如下：

dict['Name']:　 DerisWeng
dict['Age']:　 7

如果使用字典里没有对应的键，则访问数据时会报错。

【例 6-5】访问字典中没有的键

```
1    dict = {'Name': 'DerisWeng', 'Age': 7, 'Class': 'First'}
2    print ("dict['Christopher']: ", dict[' Christopher'])
```

以上实例输出结果如下：

Traceback (most recent call last):
   File " test1.py", line 5, in <module>
    print("dict[' Christopher']: ", dict[' Christopher'])
KeyError: ' Christopher'

6.2.3　修改字典

可以通过直接引用赋值的方式对字典进行修改。如果 dict[Key]中的 Key 在字典中不存在，则赋值语句将向字典中添加新内容，即增加新的键值对；如果 dict[Key]中的 Key 在字典中存在，则赋值语句将修改字典中的内容。

【例 6-6】修改字典

```
1    dict = {'Name': 'DerisWeng', 'Age': 7, 'Class': 'First'}
```

```
2   dict['Age'] = 18;                 # 更新 Age
3   dict['School'] = "WZVTC"          # 添加信息
4   print ("dict['Age']: ", dict['Age'])
5   print ("dict['School']: ", dict['School'])
```

以上实例输出结果如下：

```
dict['Age']:   18
dict['School']:   WZVTC
```

6.2.4 删除字典元素

可以用 del 命令删除单一的元素或者删除整个字典，也可以用 clear 清空字典。

【例 6-7】删除字典元素

```
1   dict = {'Name': 'DerisWeng', 'Age': 7, 'Class': 'First'}
2   del dict['Name']                  # 删除键 "Name"
3   dict.clear()                      # 删除字典
4   del dict                          # 删除字典
5   print ("dict['Age']: ", dict['Age'])
6   print ("dict['School']: ", dict['School'])
```

但这会引发一个异常，因为执行 del 操作后字典不再存在。

```
Traceback (most recent call last):
  File "test.py", line 9, in <module>
    print ("dict['Age']: ", dict['Age'])
TypeError: 'type' object is not subscriptable
```

6.2.5 字典键的特性

字典值可以没有限制地取任何 Python 对象，既可以是标准的对象，也可以是用户定义的，但字典键不可以。

注意事项：

（1）不允许同一个键重复出现。创建时如果同一个键被赋值两次，则后一个值会被记住。

（2）键必须不可变，所以可以用数字、字符串或元组这三种数据类型，而列表不可以使用。

【例 6-8】重复出现的情况

| 1 | dict = {'Name': 'DerisWeng', 'Age': 7, 'Name': 'DerisWeng'} |
| 2 | print ("dict['Name']: ", dict['Name']) |

以上实例输出结果如下：

dict['Name']:　DerisWeng

【例 6-9】不能用列表作为键

| 1 | dict = {['Name']: 'DerisWeng', 'Age': 7} |
| 2 | print ("dict['Name']: ", dict['Name']) |

以上实例输出结果如下：

Traceback (most recent call last):
　File "test.py", line 3, in <module>
　　dict = {['Name']: 'DerisWeng', 'Age': 7}
TypeError: unhashable type: 'list'

6.2.6　字典的方法

Python 字典的内置方法如表 6-1 所示。

表 6-1　Python 字典的内置方法

方　　法	描　　述
dict.clear()	删除字典里的所有元素
dict.copy()	返回一个字典的浅复制
dict.fromkeys(seq[,value])	创建一个新字典，以序列 seq 中的元素作为字典的键，value 为字典所有键对应的初始值
dict.get(key, default=None)	返回指定键的值，如果值不在字典中返回 default 值
key in dict	如果键在字典 dict 里返回 true，否则返回 false
dict.items()	以列表返回可遍历的（键，值）元组数组
dict.keys()	以列表返回一个字典所有的键
dict.setdefault(key,default=None)	和 get() 类似，但如果键不存在于字典中，将会添加键并将值设为 default
dict.update(dict2)	把字典 dict2 的键值对更新到 dict 里
dict.values()	以列表返回字典中的所有值
pop(key[,default])	删除字典给定键 key 所对应的值，返回值为被删除的值。key 值必须给出，否则返回 default 值
popitem()	随机返回并删除字典中的一对键和值

【例 6-10】用 fromkeys()方法创建一个新的字典

```
1    seq = ('name', 'age', 'sex')
2    dict1= dict.fromkeys(seq)
3    print ("新字典 dict1 为:{}" .format(dict1))
4    dict2= dict.fromkeys(seq, 10)
5    print ("新字典 dict2 为:{}" .format(dict2))
```

以上实例输出结果如下：

```
新字典 dict1 为:{'name': None, 'age': None, 'sex': None}
新字典 dict2 为:{'name': 10, 'age': 10, 'sex': 10}
```

【例 6-11】设计一个字典并编写程序，用户输入内容作为"键"，然后输出字典中对应的"值"，如果用户输入的"键"不存在，则输出"您输入的键不存在！"

假设字典为：d={1:'a',2:'b',3:'c',4:'d'}

```
1    d={1:'a',2:'b',3:'c',4:'d'}
2    v=input("请输入你的键:")
3    v =eval(v)
4    print(d.get(v,'您输入的键不存在！'))
```

【例 6-12】列表转换为字典

```
1    i = ['a', 'b']
2    l = [1, 2]
3    print(dict([i,l]))
```

以上实例输出结果如下：

```
{'a': 'b', 1: 2}
```

6.2.7 字典内置函数

Python 字典的内置函数如表 6-2 所示。

表 6-2　Python 字典的内置函数

函　　数	描　　述
len(dict)	计算字典元素个数，即键的总数
str(dict)	输出字典，转换成字符串表示

【例 6-13】计算字典元素个数

| 1 | dict = {'Name': 'DerisWeng', 'Age': 7, 'Class': 'First'} |
| 2 | print(len(dict)) |

以上实例输出结果如下：

```
3
```

【例 6-14】输出字典为字符串形式

| 1 | dict = {'Name': 'DerisWeng', 'Age': 7, 'Class': 'First'} |
| 2 | print(str(dict)) |

以上实例输出结果如下：

```
"{'Name': 'DerisWeng', 'Class': 'First', 'Age': 7}"
```

【例 6-15】返回字典类型

| 1 | dict = {'Name': 'DerisWeng', 'Age': 7, 'Class': 'First'} |
| 2 | print(type(dict)) |

以上实例输出结果如下：

```
<class 'dict'>
```

6.2.8　集合的定义

在 Python 中，集合由内置的 set 类型定义。要创建集合，需要将所有元素放在花括号（{}）内，以逗号（,）分隔。

【例 6-16】集合的定义

| 1 | s = {'P', 'y', 't', 'h', 'o', 'n'} |
| 2 | print(type(s)) |

以上实例输出结果如下：

```
<class 'set'>
```

集合可以有任意数量的元素，它们可以是不同的类型（例如：数字、元组、字符串等）。但是，集合里不能有可变元素（例如：列表、集合或字典）。

【例 6-17】创建各种类型的集合

```
1   s = {1, 2, 3}                    # 整型集合
2   s = {1.0, 'Python', (1, 2, 3)}   # 混合型集合
3   s = set(['P', 'y'])              # 利用 set()将列表转换成集合，从而创建一个新的集合
```

【例 6-18】集合中不能有可变元素

```
1   s = {'a', 'b', [1, 2]}           # 不能有可变元素
2   print(s)
```

以上实例输出结果如下：

```
Traceback (most recent call last):
  File " test.py", line 1, in <module>
    s = {'a', 'b', [1, 2]}           # 不能有可变元素
TypeError: unhashable type: 'list'
```

创建空集合比较特殊。在 Python 中，要创建一个没有任何元素的集合，可以使用 set()函数。

【例 6-19】创建空集合

```
1   s = set()                        # 空集合
2   type(s)
```

以上实例输出结果如下：

```
<class 'set'>
```

一个集合中，每个元素的地位都是相同的，元素之间是无序的。

【例 6-20】集合的无序性

```
1   s = set('DerisWeng')
2   print(s)
```

以上实例输出结果如下：

```
{'g', 'e', 'r', 's', 'n', 'D', 'W', 'i'}
```

由于集合是无序的，所以索引没有任何意义。也就是说，无法使用索引或切片访问或更改集合元素。

【例 6-21】集合不支持索引

```
1   s = set('DerisWeng')
2   print(s[0])
```

以上实例输出报错信息：

```
TypeError: 'set' object does not support indexing
```

一个集合中，任何两个元素都认为是不相同的，即每个元素只能出现一次。

【例 6-22】集合的互异性

```
1   s = set('WengWeng')
2   print(s)
```

以上实例输出结果如下：

```
{'W', 'n', 'g', 'e'}
```

给定一个集合，任给一个元素，该元素或者属于或者不属于该集合，二者必居其一，不允许有模棱两可的情况出现。

【例 6-23】集合的确定性

```
1   s = set('DerisWeng')
2   print('e' in s)
3   print ('P' not in s)
```

以上实例输出结果如下：

```
True
False
```

6.2.9 集合运算

集合之间也可进行数学集合运算（例如：并集、交集、差集等），可用相应的操作符或方法来实现。考虑 A、B 两个集合，进行以下操作。

【例 6-24】定义两个集合 A 和 B

| 1 | A = set('abcd') |
| 2 | B = set('cdef') |

1．子集

为某个集合中一部分的集合称为子集。使用操作符（<）判断是否为子集，也可使用方法 issubset() 进行判断。

【例 6-25】子集判断

1	A = set('abcd')
2	B = set('cdef')
3	C = set('ab')
4	print(C < A)
5	print(C < B)
6	print(C.issubset(A))

以上实例输出结果如下：

```
True
False
True
```

2．并集

一组集合的并集是这些集合的所有元素构成的集合，而不包含其他元素。使用操作符（|）执行并集操作，也可使用方法 union() 完成并集操作。

【例 6-26】并集操作

1	A = set('abcd')
2	B = set('cdef')
3	C = A	B
4	print(C)
5	print(A.union(B))

以上实例输出结果如下：

```
{'e', 'f', 'd', 'c', 'b', 'a'}
{'e', 'f', 'd', 'c', 'b', 'a'}
```

3. 交集

两个集合 A 和 B 的交集是含有所有既属于 A 又属于 B 的元素，而没有其他元素的集合。使用 操作符（&）执行交集操作，也可使用方法 intersection() 完成交集操作。

【例 6-27】交集操作

```
1   A = set('abcd')
2   B = set('cdef')
3   C = A & B
4   print(C)
5   print(A. intersection (B))
```

以上实例输出结果如下：

```
{'d', 'c'}
{'d', 'c'}
```

4. 差集

A 与 B 的差集是所有属于 A 且不属于 B 的元素构成的集合。使用操作符（-）执行差集操作，同样地，也可使用方法 difference() 完成差集操作。

【例 6-28】差集操作

```
1   A = set('abcd')
2   B = set('cdef')
3   C = A - B
4   print(C)
5   print(A. difference (B))
```

以上实例输出结果如下：

```
{'b', 'a'}
{'b', 'a'}
```

5. 对称差

两个集合的对称差是只属于其中一个集合，而不属于另一个集合的元素组成的集合。使用操作符（^）执行对称差操作，也可使用方法 symmetric_difference() 完成对称差操作。

【例 6-29】对称差操作

```
1   A = set('abcd')
2   B = set('cdef')
```

3	C = A ^ B
4	print(C)
5	print(A. symmetric_ difference (B))

以上实例输出结果如下:

{'b', 'e', 'f', 'a'}

{'b', 'e', 'f', 'a'}

6.2.10　更改集合

虽然集合里面的元素为不可变元素(如元素不能是列表元素),但是集合本身是可变的。集合可以添加或删除其中的元素。可以使用 add() 方法添加单个元素,使用 update() 方法添加多个元素,update() 支持使用元组、列表、字符串或其他集合中的值作为参数。

【例 6-30】用 add() 方法添加单个元素

1	s = {'D', 'e'}	
2	s.add('r')	# 添加一个元素
3	print(s)	

以上实例输出结果如下:

{'r', 'D', 'e'}

【例 6-31】用 update() 方法添加多个元素

1	s = {'D', 'e'}	
2	s.update(['r','i','s'])	# 添加多个元素
3	print(s)	

以上实例输出结果如下:

{'i', 'r', 's', 'e', 'D'}

【例 6-32】用 update() 方法添加列表和集合中的值

1	s = {'D', 'e'}	
2	s.update(['r', 'i'], {'s', 'w', 'i'})	# 添加列表和集合中的值
3	print(s)	

以上实例输出结果如下：

```
{'s', 'r', 'w', 'D', 'i', 'e'}
```

在所有情况下，元素都不会重复。

6.2.11 从集合中删除元素

可以使用 discard() 和 remove() 方法删除集合中特定的元素。两者之间的区别在于，如果集合中不存在指定的元素，使用 discard() 保持不变，但使用 remove() 会引发 KeyError 异常。

【例 6-33】去掉一个存在的元素

```
1   s = {'D', 'e', 'r', 'i', 's'}
2   s.discard('r')                      # 去掉一个存在的元素
3   print(s)
```

以上实例输出结果如下：

```
{'i', 'D', 'e', 's'}
```

【例 6-34】删除一个存在的元素

```
1   s = {'D', 'e', 'r', 'i', 's'}
2   s.remove('e')                       # 删除一个存在的元素
3   print(s)
```

以上实例输出结果如下：

```
{'s', 'i', 'r', 'D'}
```

【例 6-35】去掉一个不存在的元素

```
1   s = {'D', 'e', 'r', 'i', 's'}
2   s.discard('w')                      # 去掉一个不存在的元素
3   print(s)
```

以上实例输出结果如下：

```
{'e', 'i', 'r', 's', 'D'}
```

【例 6-36】删除一个不存在的元素

```
1   s = {'D', 'e', 'r', 'i', 's'}
2   s.remove('w')                        # 删除一个不存在的元素
3   print(s)
```

以上实例输出结果如下：

```
Traceback (most recent call last):
  File " test.py", line 2, in <module>
    s.remove('w')                        # 删除一个不存在的元素
KeyError: 'w'
```

也可以使用 pop() 方法删除和返回一个项目。还可以使用 clear() 方法删除集合中的所有元素。

【例 6-37】随机返回一个元素

```
1   s = set('Deris')
2   print(s.pop())                       # 随机返回一个元素
3   print(s)
```

以上实例输出结果如下：

```
r
{'s', 'e', 'D', 'i'}
```

【例 6-38】清空集合

```
1   s = set('Deris')
2   s.clear()                            # 清空集合
3   print(s)
```

以上实例输出结果如下：

```
set()
```

注意：集合是无序的，所以无法确定哪个元素将被返回，完全随机。

6.2.12　集合的方法

可以利用 dir() 来查看集合的方法列表。

【例 6-39】查看方法列表

1	dir(set)

以上实例输出结果如下：

```
['__and__', '__class__', '__contains__', '__delattr__', '__dir__', '__doc__', '__eq__', '__format__',
'__ge__', '__getattribute__', '__gt__', '__hash__', '__iand__', '__init__', '__ior__', '__isub__', '__iter__',
'__ixor__', '__le__', '__len__', '__lt__', '__ne__', '__new__', '__or__', '__rand__', '__reduce__',
'__reduce_ex__', '__repr__', '__ror__', '__rsub__', '__rxor__', '__setattr__', '__sizeof__', '__str__',
'__sub__', '__subclasshook__', '__xor__', 'add', 'clear', 'copy', 'difference', 'difference_update', 'discard',
'intersection', 'intersection_update', 'isdisjoint', 'issubset', 'issuperset', 'pop', 'remove',
'symmetric_difference', 'symmetric_difference_update', 'union', 'update']
```

集合的方法如表 6-3 所示。

表 6-3 集合的方法

方 法	描 述
add()	将元素添加到集合中
clear()	删除集合中的所有元素
copy()	返回集合的浅复制
difference()	将两个或多个集合的差集作为一个新集合返回
difference_update()	从这个集合中删除另一个集合的所有元素
discard()	删除集合中的一个元素（如果元素不存在，则不执行任何操作）
intersection()	将两个集合的交集作为一个新集合返回
intersection_update()	用自己和另一个集合的交集来更新这个集合
isdisjoint()	如果两个集合有一个空交集，返回 true
issubset()	如果另一个集合包含这个集合，返回 true
issuperset()	如果这个集合包含另一个集合，返回 true
pop()	删除并返回任意的集合元素（如果集合为空，会引发 KeyError）
remove()	删除集合中的一个元素（如果元素不存在，会引发 KeyError）
symmetric_difference()	将两个集合的对称差作为一个新集合返回
symmetric_difference_update()	用自己和另一个集合的对称差来更新这个集合
union()	将集合的并集作为一个新集合返回
update()	用自己和另一个集合的并集来更新这个集合

利用 help() 函数可以查看各个方法的详细说明。

6.2.13 集合内置函数

表 6-4 所示内置函数通常作用于集合，来执行不同的任务。

表 6-4 集合内置函数

函　　数	描　　述
all()	如果集合中的所有元素都是 true（或者集合为空），则返回 true
any()	如果集合中的所有元素都是 true，则返回 true；如果集合为空，则返回 false
enumerate()	返回一个枚举对象，其中包含了集合中所有元素的索引和值（配对）
len()	返回集合的长度（元素个数）
max()	返回集合中的最大项
min()	返回集合中的最小项
sorted()	从集合中的元素返回新的排序列表（不排序集合本身）
sum()	返回集合的所有元素之和

6.2.14 不可变集合

frozenset 是一个具有集合特征的新类，但是一旦分配，它里面的元素就不能更改。这一点和元组非常相似：元组是不可变的列表，frozenset 是不可变的集合。

集合是非哈希（unhashable）的，因此不能用作字典的 key；而 frozenset 是可哈希（hashable）的，可以用作字典的 key。可以使用函数 frozenset() 创建不可变的集合。

【例 6-40】创建不可变集合

```
1   s = frozenset ('Deris')
2   print(type(s))
```

以上实例输出结果如下：

```
<class 'frozenset'>
```

和 Set 类似，frozenset 也提供了很多方法。由于 frozenset 是不可变的，所以没有添加或删除元素的方法。

【例 6-41】查看 frozenset 方法列表

```
1   dir(frozenset)
```

以上实例输出结果如下：

```
['__and__', '__class__', '__contains__', '__delattr__', '__dir__', '__doc__', '__eq__', '__format__',
'__ge__', '__getattribute__', '__gt__', '__hash__', '__init__', '__iter__', '__le__', '__len__', '__lt__',
'__ne__', '__new__', '__or__', '__rand__', '__reduce__', '__reduce_ex__', '__repr__', '__ror__',
'__rsub__', '__rxor__', '__setattr__', '__sizeof__', '__str__', '__sub__', '__subclasshook__',
'__xor__', 'copy', 'difference', 'intersection', 'isdisjoint', 'issubset', 'issuperset',
```

'symmetric_difference', 'union']

6.3 小结与习题

6.3.1 小结

前面我们学习了几种常见的数据组织和处理的工具，如元组、列表、字符串等。在存储键值对方面，字典是一个极为高效的数据结构。字典也称为关联数组、映射或者散列表。本章案例利用字典进一步改进第 5 章的猜字游戏，使用字典存储用户每次的游戏数据，用户可以查看每次游戏的猜字日志。

字典是另一种可变容器模型，且可存储任意类型对象。字典的每个键值对（key=>value）用冒号（:）分割，每个键值对之间用逗号（,）分割，整个字典包括在花括号（{}）中。键一般是唯一的，如果重复最后的一个键值对会替换前面的，值不需要唯一。值可以取任何数据类型，但键必须是不可变的，如字符串、数字或元组。

Python 中的集合（Set）型数据，其相当于每个数据记录都是字典中的"Key+Value"，所以 Set 中不存在 Key，且不存在相同的数据记录。由于字符串在处理数据方面有非常大的便利性，所以开发者通常利用文本文件将信息以字符串的形式加以保存和调取。

通过本章的学习，读者将学会 Python 语言中字典和集合的使用、如何访问字典里的值，以及字典的相关操作，如删除字典元素、修改字典等。同时通过实例的训练，读者将学会字典内置函数的方法，以及更改集合、从集合中删除元素等操作。

6.3.2 习题

1. 删除字典里的所有元素，用_____方法。

2. 返回一个字典的浅复制，用_____方法。

3. 创建一个新字典，以序列 seq 中的元素作为字典的键，val 为字典所有键对应的初始值，用_____方法。

4. 返回指定键的值，如果值不在字典中返回 default 值，用_____方法。

5. 如果键在字典 dict 里返回 true，否则返回 false，用_____方法。

6. 以列表返回可遍历的（键、值）元组数组，用_____方法。

7. 以列表返回一个字典所有的键，用_____方法。

8. 和 get()类似，但如果键不存在于字典中，将会添加键并将值设为 default，用_____方法。

9. 把字典 dict2 的键值对更新到 dict 里，用_____方法。

10. 以列表返回字典中的所有值，用_____方法。

11. 已知：dict = {"name":"DerisWeng", "sex":"Female", "age":"18", "pwd":"secret"}，写出执行下面语句后的结果。

语　句	执 行 结 果	描述语句的作用
dict.keys()		
dict.values()		
dict.items()		
[k for k, v in dict.items()]		
[v for k, v in dict.items()]		
["%s=%s" % (k, v) for k, v in dict.items()]		

12. 计算字典元素个数，即键的总数，用_____函数。

13. 输出字典，以可打印的字符串表示，用_____函数。

14. 返回输入的变量类型，如果变量是字典就返回字典类型，用_____函数。

6.4　课外拓展

"大数据"（Big Data），一个看似通俗直白、简单朴实的名词，却无疑成了时下 IT 界最炙手可热的名词，在全球引领了新一轮数据技术革命的浪潮。通过 2012 年的蓄势待发，2013 年被称为"世界大数据元年"，标志着世界正式步入了大数据时代。

现在来看看我们如何被数据包围着。在现实生活中，一分钟或许微不足道，或许连 200 字也打不了，但是数据的产生却是一刻也不停歇的。来看看一分钟到底会有多少数据产生：YouTube 用户上传 48 小时的新视频，电子邮件用户发送 204166677 条信息，Google 收到超过 2000000 个搜索查询，Facebook 用户分享 684478 条内容，消费者在网购上花费 272070 美元，Twitter 用户发送超过 100000 条微博，苹果公司收到大约 47000 个应用下载请求，Facebook 上的品牌和企业收到 34722 个"赞"，Tumblr 博客用户发布 27778 个新帖子，Instagram 用户分享 36000 张新照片，Flickr 用户添加 3125 张新照片，Foursquare 用户执行 2083 次签到，571 个新网站诞生，WordPress 用户发布 347 篇新博文，移动互联网获得 217 个新用户。

数据还在增长着，没有慢下来的迹象，并且随着移动智能设备的普及，一些新兴的与位置有关的大数据也越来越呈迸发的趋势。

那么大数据究竟是什么？我们来看看权威机构对大数据给出的定义。国际顶级权威咨询机构麦肯锡说："大数据指的是所涉及的数据集规模已经超过了传统数据库软件获取、存储、管理和分析的能力。这是一个被故意设计成主观性的定义，并且是一个关于多大的数据集才能被认为是大数据的可变定义，即并不定义大于一个特定数字的 TB 才叫大数据。因为随着技术的不断发展，符合大数据标准的数据集容量也会增长；并且定义随不同行业也有变化，这依赖于在一个特定行业通常使用何种软件和数据集有多大。因此，大数据在今天不同行业中的范围可以从几十 TB 到几 PB。"

从上面的定义我们可以看出以下几点。

（1）多大的数据才算大数据，这并没有一个明确的界定，且不同行业有不同的标准。

（2）大数据不仅仅只是大，它还包含了数据集规模已经超过了传统数据库软件获取、存储、分析和管理能力这一层意思。

（3）大数据不一定永远是大数据，大数据的标准是可变的，在 20 年前 1GB 的数据也可以叫大数据。可见，随着计算机软、硬件技术的发展，符合大数据标准的数据集容量也会增长。

IBM 说："可以用三个特征相结合来定义大数据——数据量（Volume）、多样性（Variety）和速度（Velocity），或者就是简单的 3V，即庞大容量、极快速度和种类丰富的数据。"

（1）数据量。如今存储的数量正在急剧增长，毫无疑问我们正深陷数据之中。我们存储所有事物——环境数据、财务数据、医疗数据、监控数据等。有关数据量的对话已从 TB 级别转向 PB 级别，并且不可避免地转向 ZB 级别。现在经常听到一些企业使用存储集群来保存数 PB 的数据。随着可供企业使用的数据量不断增长，可处理、理解和分析的数据比例却不断下降。

（2）数据的多样性。与大数据现象有关的数据量为尝试处理它的数据中心带来了新的挑战：它多样的种类。随着传感器、智能设备以及社交协作技术的激增，企业中的数据也变得更加复杂，因为它不仅包含传统的关系型数据，还包含来自网页、互联网日志文件（包括点击流数据）、搜索索引、社交媒体论坛、电子邮件、文档、主动和被动的传感器数据等原始、半结构化和非结构化数据。简言之，种类表示所有数据类型。

（3）数据的速度。就像我们收集和存储的数据量和种类发生了变化一样，生成和需要处理数据的速度也在变化。不要将速度的概念限定为与数据存储库相关的增长速率，应动态地将此定义应用到数据——数据流动的速度。有效处理大数据要求在数据变化的过程中对它的数量和种类执行分析，而不只是在它静止后执行分析。最近，IBM 在以上 3V 的基础上归纳总结了第 4 个 V：Veracity（真实性和准确性）。"只有真实而准确的数据才能让对数据的管控和治理真正有意义。随着社交数据、企业内容、交易与应用数据等新数据源的兴起，传统数据源的局限性被打破，企业愈发需要有效的信息治理以确保其真实性及安全性。"

（引自百度百科）

6.5　实训

6.5.1　实训 1：字典

一、实训目的

1. 掌握字典的声明和使用。
2. 了解字典键的特性。
3. 熟悉字典内置函数与方法的使用。
4. 学会字典的综合应用。

二、单元练习

（一）选择题

1. 下列哪个函数可以计算字典元素个数？（　　　）
  A. cmp   B. len   C. str   D. type
2. 下列哪个函数可以将字典以字符串形式输出？（　　　）
  A. cmp   B. len   C. str   D. type
3. 下列哪个函数可以返回输入的变量类型？（　　　）

    A. cmp　　　　　B. len　　　　　C. str　　　　　D. type

4. 若想删除字典，应使用以下哪个方法？（　　　）

    A. pop　　　　　B. del　　　　　C. clear　　　　　D. copy

5. 下列哪项关于字典的说法正确？（　　　）

    A. 键必须唯一，值则不必

    B. 列表是方括号 []，元组是圆括号 ()，字典是花括号 {}

    C. 字典中的键是有序的

    D. 字典的内置函数有 dict.clear、type()、str()、len()

（二）填空题

1. 每个键与值用_____隔开，每对键值对用_____分割，整体放在_____中。

2. 字典是无序的，在字典中通过_____来访问成员。

3. Python 有两种方法可以创建字典，一种是使用花括号，另一种是使用内建函数_____。

4. 键必须是唯一的，值则不必。值可以取任何数据类型，但键必须是不可变的，如_____、_____或_____。

5. 字典的键不能是_____类型。

6. 描述出以下字典函数或方法的意义。

    clear：_____

    key in dict：_____

    keys：_____

    values：_____

    pop：_____

7. 假设有列表 a = ['name', 'age', 'sex']和 b = ['Weng', 18, 'FeMale']，请使用一个语句将这两个列表的内容转换为字典，并且以列表 a 中的元素为键，以列表 b 中的元素为值，这个语句可以写为_____。

三、实训任务

任务 1：【字典基本训练】

1. 创建一个名为 dic1 的字典，其中有元素 'abc': 456。

程序编写于下方

2. 将 dic1 中的 'abc': 456 改为 'abc': 123。

程序编写于下方

3. 为字典 dic1 添加新元素，键为 age，值为 18。

程序编写于下方

4. 删除字典 dic1 中的元素 abc。

程序编写于下方

5. 清空字典里的所有元素，然后将字典删除。

程序编写于下方

任务 2：【字典综合训练 1】

1. 请用 for 循环遍历 d，打印出"姓名：分数"来。

d = { 'Adam': 95,'Lisa': 85,'Bart': 59}

程序编写于下方

2. 有字典 dict1 = {"a":[1,2]}，请将字典中的"1"输出。

程序编写于下方

3. 有字典 dict2 = {"a":{"c":"d"}}，请将字典中的"d"输出。

程序编写于下方

任务 3：【字典综合训练 2】

1. dic = {'k1': "v1", "k2": "v2", "k3": [11,22,33]}，请循环输出所有的 key 和 value。

程序编写于下方

2. 请在字典中添加一个键值对 "k4": "v4"，输出添加后的字典。

程序编写于下方

3. 请修改字典中"k1"对应的值为"alex"，输出修改后的字典。

程序编写于下方

4. 请在"k3"对应的值中追加一个元素"44"，输出修改后的字典。

程序编写于下方

5. 请在"k3"对应的值的第 1 个位置插入元素"18"，输出修改后的字典。

程序编写于下方

任务 4：【找最大】

要求：找到年龄最大的人，并输出。

提示：将输入的信息转化成类似字典{"张三":18,"李四":60,"王五":56,"孙六":7}的结构，然后判断大小，最后输出年龄最大的人的信息。

程序编写于下方

四、拓展任务

任务 1：【打印数字的重复次数（1）】

要求：用户输入一个数字，打印每一位数字及其重复次数。

例如：输入数字 888232315，输出结果为[('8',3),('2',2) ,('3',2) ,('1',1), ('5',1)]。

程序编写于下方

任务 2：【打印数字的重复次数（2）】

要求：随机产生 10 个整数，数字的范围是[-1000,1000]，升序输出所有不同的数字及其重复的次数。

例如：产生的 10 个随机数字分别为 1, -2, 2, 3, 7, -9, -10, 3, -6, 7，输出结果为[(-10,1), (-9,1) , (-6,1) , (-2,1), (1,1) , (2,1) , (3,2) , (7,2)]。

程序编写于下方

任务 3：【打印字母的重复次数】

要求：从字符表 abcdefghijklmnopqrstuvwxyz 中随机挑选两个字母组成字符串，共挑选 10 个，降序输出所有不同的字符串及重复的次数。

例如：产生的 10 个随机字母组成的字符串分别为 ab, cx, gd, ef, oc, jk, gh, bs, py, uv，输出结果为[('uv',1), ('py',1), ('oc',1), ('jk',1), ('gh',1), ('gd',1), ('ef',1), ('cx',1), ('bs',1), ('ab',1)]。

程序编写于下方

任务 4：【拼写英文单词】

要求：写一个程序，在程序运行时给用户中文提示，要求用户拼写出英文，根据用户的拼写是否正确，决定进行下一个单词的拼写或重新拼写。

程序编写于下方

6.5.2　实训 2：集合

一、实训目的

1. 掌握集合的声明和使用。

2. 掌握集合运算。

3. 熟练使用集合内置函数与方法。

4. 学会集合的综合应用。

二、单元练习

填空题

1. 在 Python 中，字典和集合都是用一对_____作为界定符，字典的每个元素由两部分组成，即_____和_____，其中_____不允许重复。

2. 已知 x = set('Christoper')，y = set(['k','i','d'])，执行下列操作后，请将结果填写到横线处。

（1）print(x & y) 的结果：_____

（2）print(x | y) 的结果：_____

（3）print(x - y) 的结果：_____

（4）print(x ^ y) 的结果：_____

三、实训任务

任务 1：【集合基本训练】

1. 创建一个名为 set1 的集合，其中的元素为 '123', 'weng',100。

程序编写于下方

2. 为集合 set1 添加一个新元素 'Christopher'。

程序编写于下方

3. 为集合 set1 添加多个新元素 'is'、18、['years', 'old']。

程序编写于下方

4. 删除集合 set1 中的元素 100。

程序编写于下方

5. 清空集合 set1 中的所有元素。

程序编写于下方

任务 2：【集合综合训练】

1. 给定一个列表，提取列表中的单一元素，即提取出序列中所有不重复的元素。
假设列表 list1 = [1, 2, 3, 4, 5, 2, 3, 4]。

程序编写于下方

2. 现有集合 set1= set([1, 2, 3])，给定一个列表 list1 = [1, 2, 3, 4, 5, 2, 3, 4]，遍历 list1 中的每一个元素，如果它在 set 中，就将其删除，如果不在 set 中，就添加进去。

程序编写于下方

任务 3：【集合提高练习】

编写函数，函数名为 randomNumber，该函数功能：生成指定个数（Number）、在一定范围内（m～n）的不可重复的随机数。（要求：利用集合的特性实现该功能）

程序编写于下方

四、拓展任务

任务：【比速度】

利用 range(1000) 分别构建具有相同元素个数的列表、元组、字典、集合，然后随机产生一个 1～1000 内的数字，通过查找确定它是否在列表、元组、字典、集合中，并比较不同数据类型之间的查找速度。（提示：可以通过 t = time.time() 取得当前时间）

程序编写于下方

第7章　正则表达式

⊞ 学习任务

本章将学习 Python 中一种用于复杂字符串处理的微型语言，即正则表达式。通过本章的学习，读者应学会正则表达式的基本概念，熟练使用正则表达式的方法及常用的处理函数。同时通过实例的训练，学会正则表达式的综合应用。

⊞ 知识点

➢ 正则表达式的概念
➢ 正则表达式的使用方法
➢ 常用的正则表达式处理函数

7.1　案例

7.1.1　案例1：使用正则表达式进行网页解析

案例背景：已知某一网站的网页部分内容如下所示，将该网页内容存储到本机的 D:/web.txt。

要求：请解析出上述网页中所有以 https 开头的 url，并输出。

1	`<div class="top-nav-websiteapp">`
2	`    <a href="https://www.website.com/w/app?channel=top-nav" class="lnk ">下载某某网站`
3	`客户端</a>`
4	`    <div id="top-nav-appintro" class="more-items">`
5	`        <p class="appintro-title">某某网站</p>`
6	`        <p class="slogan">我们的部落格</p>`
7	`        <div class="download">`
8	`          <a ref="https://www.website.com/redirect?download=iOS">iPhone</a>`
9	`          <span>•</span>`
10	`          <a href="https://www.website.com/redirect?download= Ad ">Android</a>`
11	`        </div>`
12	`    </div>`
13	`</div>`

getUrls.py 代码如下：

1	`import re`

2	f = open('web.txt','r')
3	web = f.read()
4	urls = re.findall('https://.*?"', web)
5	f.close()
6	for url in urls:
7	print(url)

案例说明

➢ 第 1 行：导入 re 模块，re 模块使 Python 语言拥有全部的正则表达式功能。

➢ 第 2 行：调用文件的 open 方法，打开 web.txt。

➢ 第 3 行：将 web.txt 中的文本内容读取出来，赋值给 web 变量。

➢ 第 4 行：这里用了 re 模块，它提供 Perl 风格的正则表达式模式。利用 findall 函数获取字符串 web 中所有匹配的字符串，匹配格式为 https://.*?"。

　◆ https://开头表示以 https://为前缀文本。

　◆ 点（.）匹配任意除换行符"\n"外的字符。

　◆ 星号（*）表示匹配前一个字符 0 次或无限次。

　◆ 星号（*）后跟问号（?）表示非贪婪匹配，即尽可能少的匹配，如*? 表示重复任意次，但尽可能少重复。

　◆ 三个符号组合（.*?）表示匹配任意数量的重复，但是在能使整个匹配成功的前提下使用最少的重复。例如：a.*?b 表示匹配最短的，以 a 开始、以 b 结束的字符串。如果把它应用于 aabab，它会匹配 aab 和 ab。

　◆ 因此，https://.*?"表示以 http://开始，以双引号（"）结束的字符串，而且要求匹配重复最少的。上例中首先匹配到 https://www.website.com/w/app?channel=top-nav"，所以不再匹配 https://www.website.com/w/app?channel=top-nav"class="，虽然 class=后面也有双引号（"），但是因为是非贪婪模式，所以选择第一次匹配成功的那个，即 https://www.website.com/w/app?channel=top-nav"。

以上实例执行结果如下：

```
https://www.website.com/w/app?channel=top-nav"
https://www.website.com/redirect?download=iOS"
https://www.website.com/redirect?download= Ad "
```

7.1.2　案例 2：正则表达式在数据清洗中的应用

案例背景：已知某网址 http://somemovies.com/中有各类电影市场票房信息，网页样本 moviesample.htm 保存于已知目录中。

要求：分析网页样本文件，综合利用正则表达式和字符串处理算法，截取票房概况表格信息（下表）。

（单位：元）

电影名称	总场次/占比	网票票房	A 票房	B 票房	C 票房	D 票房	实时（不含预售）	预计	累积
某某历险记	9.16 万/27.1%	1166.11 万	120.12 万	660.33 万	50.24 万	30.63 万	2888.85 万	6827.81 万	8.61 亿
某某传奇	6.43 万/25%	1271.97 万	0	725.72 万	0	24.28 万	3114.63 万	8110.94 万	4.1 亿
…	…	…	…	…	…	…	…	…	…

moviesample.html 部分代码如下：

```
1   <table class="table">
2       <thead><tr><th>电影名称</th><th>总场次/占比</th><th>网票票房</th><th>A 票房
3   </th><th>B 票房</th><th>C 票房</th><th>D 票房</th><th>实时（不含预售）</th><th>
4   预计</th><th>累积</th></tr></thead>
5       <tbody>
6           <tr class="odd"><td><a href="http://somemovies.com/film/8080/boxoffice" title="某
7   某历险记">某某历险记</a></td><td>9.16 万/27.1%</td><td>1166.11 万</td><td>120.12 万
8   </td><td> 660.33 万</td><td>50.24 万</td><td>30.63 万</td><td>2888.85 万</td><td>
9   6827.81 万</td><td>8.61 亿</td> </tr>
10          <tr class="even"><td><a href="http://somemovies.com/film/8080/boxoffice" title="
11  某 某 传 奇 "> 某 某 传 奇 </a></td><td>6.43 万 /25%</td><td>1271.97 万
12  </td><td>0</td><td>725.72 万 </td><td>0</td><td>24.28 万 </td><td>3114.63 万
13  </td><td>8110.94 万</td><td>4.1 亿</td> </tr>
14          …此处省略，结构与上方<tr></tr>基本相同，电影数据不同
15          <tr class="even"><td class="right" colspan="10"><span class="des">以上数据仅供
16  参考</span></td> </tr>
17      </tbody>
18  </table>
```

movie.py 代码如下：

```
1   import re
2   import os
3   import sys
4   import urllib.request
5   BOR_amount=0.0
6   p_path=sys.path[0]                          # 获取当前路径
7   url='file:'+p_path+'/moviesample.htm'       # 得到网页所在路径
8   req = urllib.request.Request(url, headers={'User-Agent' : "Magic Browser"})
9   webpage= urllib.request.urlopen(req)
```

10	strw=webpage.read().decode("utf-8")
11	s=strw.find("电影名称</th><th>总场次/占比")
12	e=strw[s:].find("以上数据仅供参考")
13	strw_table=strw[s:s+e]
14	m=[]
15	reStr = """<tr class="[a-z]{3,4}"><td><a href="http://somemovies.com/film/[0-9]+/boxoffice"
16	title=.+</tr>"""
17	m=re.findall(reStr,strw_ table)
18	if not m:
19	os._exit(0)
20	for t in m:
21	ss=[]
22	ss=re.findall(r'(\d+[\.]?\d*[%]?[^\x00-\xff]*)',t)
23	if ss:
24	BOR_amount+= float(ss[-3].replace('万',''))
25	else:
26	print("出错了！")
27	print("票房总额是：　"+str(BOR_amount))

以上实例执行结果如下：

票房总额是：　6003.48

案例说明

➢ 第 2 行：导入 os 模块，os 模块包含普遍的操作系统功能。本案例中第 19 行调用 os._exit()会直接将 Python 程序终止，之后的所有代码都不会继续执行。exit(0)：无错误退出。

➢ 第 3 行：导入 sys 模块，sys 模块提供了一系列有关 Python 运行环境的变量和函数。本案例中第 6 行调用 sys.path[0]，获取当前 movie.py 所在目录。

➢ 第 4 行：导入 urllib.request 模块，为后续获取页面做准备。urllib.request 模块提供了最基本的构造 HTTP 请求的方法，利用它可以模拟浏览器的一个请求发起过程。

➢ 第 7 行：url='file:'+p_path+'/moviesample.htm' 得到网页所在完整路径。

➢ 第 8 行：　req = urllib.request.Request(url, headers={'User-Agent' : "Magic Browser"})，使用 request()来包装请求，后面再通过 urlopen()获取页面。

urllib.request.Request 的基本语法如下：

urllib.request.Request(url, data=None, headers={}, method=None)

其中，headers（头部信息）可以携带以下信息：浏览器名和版本号、操作系统名和版本号、默认语言等。User Agent 存放于 Headers 中，服务器就是通过查看 Headers 中的 User Agent 来判断是谁在访问。

有些网站不喜欢被爬虫程序访问，所以会检测连接对象，如果发现是爬虫程序，它就不会让用户继续访问，所以程序需要隐藏自己爬虫程序的身份。此时，可以通过设置 User Agent（用户代理）来达到隐藏身份的目的。

➢ 第 9 行：webpage=urllib.request.urlopen(req)，直接调用 urllib.request 模块中的 urlopen()获取页面。

urlopen 返回对象提供方法如表 7-1 所示。

表 7-1　urlopen 返回对象提供方法

urlopen 返回对象提供方法	描　述
read()，readline()，readlines()，fileno()，close()	对 HTTPResponse 类型数据进行操作
info()	返回 HTTPMessage 对象，表示远程服务器返回的头信息
getcode()	返回 http 状态码。如果是 http 请求，200 表示请求成功；404 表示网址未找到
geturl()	返回请求的 url

➢ 第 10 行：webpage.read()的数据格式为 bytes 类型，需要 decode("utf-8")解码，转换成 str 类型。

➢ 第 11 行：strw.find()利用 find 方法找到对应字符所在的位置。返回的是在字符串 strw 中的起始位置，是个索引值。

➢ 第 11 行中的 s 得到的是开始的位置，第 12 行中的 e 得到的是结束的位置。第 13 行中，strw_table=strw[s:s+e]通过字符串截取的方式完成从茫茫 html 代码中找到需要进行分析的那部分内容。

➢ 数据范围已经准备妥当，接下来要进行第一次数据过滤，第 17 行利用 re.findall()找到符合条件的那部分数据，符合条件的数据将放到列表 m 中。条件就是第 15、16 行定义的规则表达式，规则如下：

<tr class="[a-z]{3,4}"><td><a href=http://somemovies.com/film/[0-9]+/boxoffice" title=.+</tr>
其中：

① "[a-z]{3,4}" 表示由 a～z 字母中的任意 3～4 个组成的字符串。这样 class="odd" 和 class="even"就满足条件。

② "[0-9]+" 表示由多个 0～9 的数字构成的字符串。

③ ".+" 表示匹配任意多个字符。这样，程序将向后继续匹配，直到找到</tr>位置。

a. "." 表示匹配除 "\n" 之外的任何单个字符；

b. "+" 表示前一个字符匹配一次或者多次。

定位到的 html 结构示例如下：

```
<tr class="odd"><td><a href="http://somemovies.com/film/8080/boxoffice" title="某某历险记">
某某历险记 </a></td><td>9.16 万 /27.1%</td><td>1166.11 万 </td><td>0</td><td>660.33 万
</td><td>0</td><td>30.63 万</td><td>2888.85 万</td><td>6827.81 万</td><td>8.61 亿</td> </tr>
```

➢ 第 18、19 行：如果匹配不到，则程序正常退出。

➤ 第 20 行：列表 m 中已经有多条类似于 html 结构示例中的数据，用 for 语句遍历。

➤ 第 22 行：执行 ss=re.findall(r'(\d+[\.]?\d*[%]?[^\x00-\xff]*)',t)，对 m 列表中的每一项进行过滤。现对 "\d+[\.]?\d*[%]?[^\x00-\xff]*" 进行分析：

① "\d+" 表示一到多个数字。

② "[\.]?" 表示一个小数点或者一个除号，"?" 表示前面这部分是可选的。注意，这里的 "\." 表示这个点为字符点，而不是正则表达式中的匹配模式。

③ "\d*" 表示 0 到多个数字。

④ "[%]?" 表示 0 到多个%。

⑤ "[^\x00-\xff]*" 中，"^" 表示以...开头，"\x00-\xff" 表示英文字符和数字的编码范围，"*" 表示前面这部分有 0 到多个。

综上所述，满足条件的可以是整数、小数、带百分号的数、后方有字符（含中文字符）的数。

上例中经过正则表达式过滤后得到如下结果的数据：

['8080', '9.16 万', '27.1%', '1166.11 万', '120.12 万', '660.33 万', '50.24 万', '30.63 万', '2888.85 万', '6827.81 万', '8.61 亿']

['8080', '6.43 万', '25%', '1271.97 万', '0', '725.72 万', '0', '24.28 万', '3114.63 万', '8110.94 万', '4.1 亿']

…由于篇幅原因，只展示部分数据

➤ 第 23、24 行，获取列表 ss 中的票房数据。其中，"ss[-3]" 为票房数据，"float(ss[-3].replace('万',''))" 表达式先去除中文字符（万），然后转换成浮点型进行求和，算出票房总额。

7.2　知识梳理

7.2.1　正则表达式

正则表达式是一个特殊的字符序列，它是一段描述字符串规则的代码。它能帮助我们便捷地检查一个字符串是否与某种模式匹配。Python 提供了 re 模块支持正则表达式，re 模块使 Python 语言拥有全部的正则表达式功能，它提供 Perl 风格的正则表达式模式。

正则表达式并不是一个程序，它只是用于处理字符串的一种模式。正则表达式有自己的一套语法规则，功能十分强大。

本章主要介绍 Python 中各种常用的正则表达式处理函数。

7.2.2　修饰符

正则表达式可以包含一些可选标志修饰符来控制匹配的模式。修饰符是可选的，如表 7-2 所示。多个标志可以通过按位 OR(|) 来指定，如 re.I | re.M 被设置成 I 和 M 标志。

表 7-2　正则表达式中的修饰符

修　饰　符	描　　述
re.I	使匹配对大小写不敏感，忽略大小写

修　饰　符	描　　　述
re.L	做本地化识别（locale-aware）匹配，使预定字符类 \w \W \b \B \s \S 取决于当前区域设定
re.M	多行模式，改变"^"和"$"的行为
re.S	点任意匹配模式，改变"."的行为
re.U	根据 Unicode 字符集解析字符。这个标志影响 \w \W \b \B
re.X	这个模式下正则表达式可以是多行的，忽略空白字符，并可以加入注释

7.2.3　模式

表 7-3 列出了正则表达式模式语法中的特殊元素。如果使用模式的同时提供了可选的标志参数，某些模式元素的含义会有所改变。

表 7-3　正则表达式模式语法中的特殊元素

模　　式	描　　　述
^	匹配字符串的开头
$	匹配字符串的末尾
.	匹配任意字符，除了换行符；当 re.DOTALL 标记被指定时，可以匹配包括换行符的任意字符
[...]	用来表示一组字符，单独列出：[amk] 匹配"a"、"m"或"k"
[^...]	不在[]中的字符：[^abc] 匹配除了 a、b、c 之外的字符
re*	匹配 0 个或多个表达式
re+	匹配 1 个或多个表达式
re?	匹配 0 个或 1 个由前面的正则表达式定义的片段，非贪婪方式
re{ n}	匹配 n 个前面表达式
re{ n,}	精确匹配 n 个前面表达式
re{ n, m}	匹配 n~m 次由前面的正则表达式定义的片段，贪婪方式
a| b	匹配 a 或 b
(re)	匹配括号内的表达式，也表示一个组
(?imx)	正则表达式包含三种可选标志：i、m 或 x。只影响括号中的区域
(?-imx)	正则表达式关闭 i、m 或 x 可选标志。只影响括号中的区域
(?: re)	类似于(...)，但是不表示一个组
(?imx: re)	在括号中使用 i、m 或 x 可选标志
(?-imx: re)	在括号中不使用 i、m 或 x 可选标志
(?#...)	注释
(?= re)	前向肯定界定符。当所含表达式能在字符串当前位置匹配时成功
(?! re)	前向否定界定符。当所含表达式不能在字符串当前位置匹配时成功
(?> re)	匹配的独立模式，省去回溯

模　　式	描　　述
\w	匹配字母数字
\W	匹配非字母数字
\s	匹配任意空白字符，等价于 [\t\n\r\f]
\S	匹配任意非空字符
\d	匹配任意数字，等价于 [0-9]
\D	匹配任意非数字
\A	匹配字符串开始
\Z	匹配字符串结束。如果存在换行，则只匹配到换行前的结束字符串
\z	匹配字符串结束
\G	匹配最后匹配完成的位置
\b	匹配一个单词边界，也就是单词和空格间的位置。例如，"er\b"可以匹配"never"中的"er"，但不能匹配"verb"中的"er"
\B	匹配非单词边界。例如，"er\B"可以匹配"verb"中的"er"，但不能匹配"never"中的"er"
\n, \t	匹配一个换行符，匹配一个制表符
\1...\9	匹配第 n 个分组的内容
\10	匹配第 n 个分组的内容。如果匹配不了，\10 指的就是八进制字符码的表达式

需要注意的是：

（1）点符号只有被转义时才匹配自身，比如点号（.）只有用\.才表示是点号；

（2）字母和数字表示它们自身，但是如果前面加一个反斜杠可能会拥有不同的含义；

（3）反斜杠本身需要使用反斜杠转义。

下面对具体的实例进行描述，如表 7-4 所示。

表 7-4　具体实例的描述

实　　例	描　　述
python	匹配"python"
[Pp]ython	匹配"Python"或"python"
rub[ye]	匹配"ruby"或"rube"
[aeiou]	匹配中括号内的任意一个字母
[0-9]	匹配任何数字，类似于 [0123456789]
[a-z]	匹配任何小写字母
[A-Z]	匹配任何大写字母
[a-zA-Z0-9]	匹配任何字母及数字
[^abcde]	匹配除 abcde 字母外的所有字符
[^0-9]	匹配除了数字以外的字符
.	匹配除"\n"之外的任何单个字符。要匹配包括"\n"在内的任何字符，可使用如"[.\n]"的模式
\d	匹配一个数字字符，等价于 [0-9]

实　　例	描　　述
\D	匹配一个非数字字符，等价于 [^0-9]
\s	匹配任何空白字符，包括空格、制表符、换页符等，等价于 [\f\n\r\t\v]
\S	匹配任何非空白字符，等价于 [^ \f\n\r\t\v]
\w	匹配包括下画线的任何单词字符，等价于 "[A-Za-z0-9_]"
\W	匹配任何非单词字符，等价于 "[^A-Za-z0-9_]"

7.2.4 compile 函数

compile 函数根据一个模式字符串和可选的标志参数生成一个正则表达式对象。该对象拥有一系列方法用于正则表达式匹配和替换。

函数语法：

1	compile(pattern[,flags])	# 根据包含正则表达式的字符串创建模式对象

compile 函数的第一个参数为 pattern 对象，第二个参数为 flags，flags 是匹配模式，可以使用按位或"|"表示同时生效。具体的匹配模式请参见 7.2.2 节正则表达式修饰符。

【例 7-1】compile ()函数示例

```
1  import re
2  pattern1 = re.compile(r"""
3  \d +    # 整数部分
4  \.      # 小数点
5  \d *    # 小数部分""", re.X)
6  text = "abc12.3efg"
7  print(pattern1.findall(text))
```

第 2~5 行利用三引号定义多行字符串，匹配带有小数点的数字。compile 中的第二个参数设置成 re.X 表示可以多行匹配。

以上实例执行结果如下：

```
['12.3']
```

7.2.5 match 函数

re.match 尝试从字符串的起始位置匹配一个模式，如果不是在起始位置匹配成功，match()就返回 none。

函数语法：

1	re.match(pattern, string, flags=0)

函数参数说明见表 7-5。

表 7-5　match 函数参数说明

参　　数	描　　述
pattern	匹配的正则表达式
string	要匹配的字符串
flags	标志位,用于控制正则表达式的匹配方式,具体的匹配模式请参见 7.2.2 节正则表达式修饰符

可以使用 group(num) 或 groups() 匹配对象函数来获取匹配表达式,如表 7-6 所示。

表 7-6　group(num)和 groups()匹配对象函数

匹配对象方法	描　　述
group(num=0)	匹配的整个表达式的字符串,group() 可以一次输入多个组号,这样它将返回一个元组,该元组包含指定组号的匹配字符串
groups()	返回一个包含所有小组匹配字符串的元组,从 1 到所含的小组号

【例 7-2】match()函数简单示例

```
1   import re
2   print(re.match('www', 'www.website.com').span())      # 在起始位置匹配
3   print(re.match('com', 'www.website.com'))             # 不在起始位置匹配
```

以上实例输出结果如下:

```
(0, 3)
None
```

【例 7-3】match()中 group 的使用

```
1   import re
2   line = "我 love 北京天安门,我 love 中国!"
3   mObj = re.match(r'love', line, re.M|re.I)
4   if mObj:
5       print ("mObj.groups() : ", mObj.group())
6   else:
7       print ("找不到!!")
```

以上实例输出结果如下:

```
找不到!!
```

【例 7-4】match()中 group 的各种写法

```
1   import re
2   line = "我 love 北京天安门，我 love 中国！"
3   mObj = re.match( r'(.*?)love(.*)', line, re.M|re.I)
4   if mObj:
5       print ("mObj.groups() : ", mObj.groups())
6       print ("mObj.group() : ", mObj.group())
7       print ("mObj.group(0) : ", mObj.group(0))
8       print ("mObj.group(1) : ", mObj.group(1))
9       print ("mObj.group(2) : ", mObj.group(2))
10  else:
11      print ("没有找到!!")
```

以上实例输出结果如下：

```
mObj.groups() :   ('我', '北京天安门，我 love 中国！')
mObj.group() :    我 love 北京天安门，我 love 中国！
mObj.group(0) :   我 love 北京天安门，我 love 中国！
mObj.group(1) :   我
mObj.group(2) :   北京天安门，我 love 中国！
```

说明：上述案例中，表达式"(.*?)love(.*)"中用括号把正则表达式分成了两组，一组为"(.*?)"，一组为"(.*)"，所以当程序执行完后，group(1)放的是第一组表达式匹配的字符串，group(2)放的是第二组表达式匹配的字符串。

7.2.6 search 函数

re.search 扫描整个字符串并返回第一个成功的匹配。匹配成功 re.search 函数返回一个匹配的对象，否则返回 None。

函数语法：

```
re. search (pattern, string, flags=0)
```

函数参数说明见表 7-7。

表 7-7 search 函数参数说明

参　　数	描　　述
pattern	匹配的正则表达式
string	要匹配的字符串
flags	标志位，用于控制正则表达式的匹配方式，如是否区分大小写、是否为多行匹配等

　　与 re.match 函数类似，可以使用 group(num) 或 groups() 匹配对象函数来获取匹配表达式。

【例 7-5】search ()函数示例

```
1    #!/usr/bin/python3
2    import re
3    print(re.search('www', 'www.website.com').span())      # 在起始位置匹配
4    print(re.search('com', 'www.website.com').span())      # 不在起始位置匹配
```

　　以上实例输出结果如下：

```
(0, 3)
(11, 14)
```

【例 7-6】search()中 group 的使用

```
1    import re
2    sObj = re.search( r'love', line, re.M|re.I)
3    if sObj:
4        print ("sObj.groups() : ", sObj.group())
5    else:
6        print ("找不到!!")
```

　　以上实例输出结果如下：

```
sObj.group() :   love
```

【例 7-7】search ()中 group 的各种写法

```
1    import re
2    line = "我 love 北京天安门，我 love 中国！"
3    sObj = re.search( r'(.*?)love(.*)', line, re.M|re.I)
4    if sObj:
5        print ("sObj.group() : ", sObj.group())
6        print ("sObj.group(1) : ", sObj.group(1))
7        print ("sObj.group(2) : ", sObj.group(2))
8    else:
9        print ("没有找到!!")
```

　　以上实例输出结果如下：

sObj.group()：	我 love 北京天安门，我 love 中国！
sObj.group(1)：	我
sObj.group(2)：	北京天安门，我 love 中国！

re.match 与 re.search 的区别：re.match 只匹配字符串的开始，如果字符串开始不符合正则表达式，则匹配失败，函数返回 None；而 re.search 匹配整个字符串，直到找到一个匹配。

7.2.7　findall 函数

正则 re.findall 的简单用法为：返回 string 中所有与 pattern 相匹配的字符串，返回形式为数组。findall 查找满足 pattern 正则表达式的所有字符串。

函数语法：

```
1  findall(pattern, string, flags=0)
```

参数说明与 re.match()函数相同。

【例 7-8】findall 查找

```
1  import re
2  re1 = re.findall(r"docs","https://docs.python.org/3/test/test123.html")
3  print (re1)
```

以上实例输出结果如下：

```
['docs']
```

【例 7-9】符号^表示匹配以 https 开头的字符串

```
1  import re
2  re2 = re.findall(r"^https","https://docs.python.org/3/test/test123.html")
3  print (re2)
```

以上实例输出结果如下：

```
['https']
```

【例 7-10】用$符号表示匹配以 html 结尾的字符串

```
1  import re
2  re3 = re.findall(r"html$","https://docs.python.org/3/test/test123.html")
```

3	print (re3)

以上实例输出结果如下：

```
['html']
```

【例 7-11】[...]表示匹配括号中的一个字符

1	import re
2	re4 = re.findall(r"[t,w]h","https://docs.python.org/3/test/what123.html")
3	print (re4)

以上实例输出结果如下：

```
['th', 'wh']
```

【例 7-12】d 在正则表达式里表示匹配 0～9 之间的数字，返回列表

1	import re
2	re5 = re.findall(r"\d","https://docs.python.org/3/test/test123.html")
3	re6 = re.findall(r"\d\d\d","https://docs.python.org/3/test/test123.html/1234")
4	print (re5)
	print (re6)

以上实例输出结果如下：

```
['3', '1', '2', '3']
['123', '123']
```

【例 7-13】d 表示取数字 0～9，D 表示不要数字，即取数字以外的字符

1	import re
2	re7 = re.findall(r"\D","https://docs.python.org/3/test/test123.html")
3	print (re7)

以上实例输出结果如下：

```
['h', 't', 't', 'p', 's', ':', '/', '/', 'd', 'o', 'c', 's', '.', 'p', 'y', 't', 'h', 'o', 'n', '.', 'o', 'r', 'g', '/', '/', 't', 'e', 's', 't', '/', 't', 'e', 's',
't', '.', 'h', 't', 'm', 'l']
```

【例 7-14】w 表示匹配小写 a～z、大写 A～Z、数字 0～9 之间的字符

```
1   import re
2   re8 = re.findall(r"\w","https://docs.python.org/3/test/test123.html")
3   print (re8)
```

以上实例输出结果如下：

['h', 't', 't', 'p', 's', 'd', 'o', 'c', 's', 'p', 'y', 't', 'h', 'o', 'n', 'o', 'r', 'g', '3', 't', 'e', 's', 't', 't', 'e', 's', 't', '1', '2', '3', 'h', 't', 'm', 'l']

【例 7-15】W 代表匹配除了字母与数字以外的特殊符号

```
1   import re
2   re9 = re.findall(r"\W","https://docs.python.org/3/test/test123.html")
3   print (re9)
```

以上实例输出结果如下：

[':', '/', '/', '.', '.', '/', '/', '/', '.']

【例 7-16】电话号码 phone="1*5*8*1*0*3*3*6*1*1*0"，请用正则表达式将它变成 newphone="15810336110"

```
1   import re
2   phone='1*5*8*1*0*3*3*6*1*1*0'
3   ans = re.findall('\d+',phone)
4   for i in ans:
5       print(i,end='')
```

以上实例输出结果如下：

15810336110

7.2.8 检索和替换

Python 的 re 模块提供了 re.sub 函数，用于替换字符串中的匹配项。
函数语法：

```
1   re. sub (pattern, repl, string, count=0)
```

函数参数说明见表 7-8。

表 7-8　sub 函数参数说明

参　　数	描　　述
pattern	匹配的正则表达式
repl	替换的字符串，也可为一个函数
string	要匹配的字符串
count	模式匹配后替换的最大次数，默认为 0，表示替换所有的匹配

【例 7-17】利用 sub()函数删除注释

```
1   import re
2   phone = "0577-8668-1001              # 这是一个电话号码"
3   num = re.sub(r'#.*$', "", phone)     # 删除注释
4   print ("电话号码 : ", num)
5   # 移除非数字的内容
6   num1 = re.sub(r'\D', "", num)
7   print ("电话号码 : ", num1)
```

以上实例输出结果如下：

```
电话号码 ： 0577-8668-1001
电话号码 ： 057786681001
```

【例 7-18】将字符串中匹配到的数字乘以 2

```
1   import re
2   def double(matched):
3       value = int(matched.group('value'))
4       return str(value * 2)            # 将匹配到的数字乘以 2
5   s = 'A23G4HFD567'
6   print(re.sub('(?P<value>\d+)', double, s))
```

以上实例输出结果如下：

```
A46G8HFD1134
```

7.3　小结与习题

7.3.1　小结

虽然 Python 的字符串提供了很多实用的函数，但是 Python 还提供了一种用于复杂字符串处理的微型语言，即正则表达式。

正则表达式是一个特殊的字符序列，它能帮助用户便捷地检查一个字符串是否与某种模式匹配。正则表达式是对字符串操作的一种逻辑公式，就是用事先定义好的一些特定字符以及这些特定字符的组合，组成一个"规则字符串"，这个"规则字符串"用来表达对字符串的一种过滤逻辑。正则表达式是用来匹配字符串的非常强大的工具，在其他编程语言中同样有正则表达式的概念。利用正则表达式，从返回的页面内容中提取出我们想要的内容变得易如反掌。正则表达式的大致匹配过程是：

（1）依次拿出表达式和文本中的字符进行比较；

（2）如果每个字符都能匹配，则匹配成功，一旦有匹配不成功的字符则匹配失败；

（3）如果表达式中有量词或边界，这个过程会稍微有一些不同。

本章介绍了正则表达式的基本概念和使用方法。通过本章的学习，读者将学会 Python 语言正则表达式处理函数，学会 re.match 与 re.search 函数的使用以及它们的区别，还有用于替换字符串中匹配项的 re.sub 函数。同时通过实例的训练，将学会使用 Python 的正则表达式修饰符，以及正则表达式模式和一些常用参数的使用。

7.3.2　习题

1. 使用正则表达式匹配出任意给定字符串中的单词。

2. 使用正则表达式匹配 http:\\关键字。

3. 使用正则表达式匹配合法的邮件地址。

4. 写一个正则表达式，使其能同时识别下面所有的字符串："get"，"net"，"but"，"hit"，"cat"。

7.4　课外拓展

大数据发展趋势

趋势一：数据的资源化

资源化，是指大数据成为企业和社会关注的重要战略资源，并已成为大家争相抢夺的新焦点。对于企业来说，必须提前制订大数据营销战略计划，抢占市场先机。

趋势二：与云计算的深度结合

大数据离不开云处理，云处理为大数据提供了弹性可拓展的基础设备，是产生大数据的平台之一。自 2013 年开始，大数据技术已开始和云计算技术紧密结合，预计未来两者关系将更为密切。除此之外，物联网、移动互联网等新兴计算形态，也将一齐助力大数据革命，让大数据营销发挥出更大的影响力。

趋势三：科学理论的突破

随着大数据的快速发展，就像计算机和互联网一样，大数据很有可能是新一轮的技术革命。随之兴起的数据挖掘、机器学习和人工智能等相关技术，会改变数据世界里的很多算法和基础理论，实现科学技术上的突破。

趋势四：数据科学和数据联盟的成立

未来，数据科学将成为一门专门的学科，被越来越多的人所认知。各大高校将设立专门的数据科学类专业，也会催生一批与之相关的新的就业岗位。与此同时，基于数据这个基础平台，也将建立起跨领域的数据共享平台，之后，数据共享将扩展到企业层面，并且成为未来产业的核心一环。

趋势五：数据泄露泛滥

未来几年数据泄露事件的增长率也许会达到 100%，除非数据在其源头就能够得到安全保障。可以说，在未来，每个财富 500 强企业都会面临数据攻击，无论他们是否已经做好安全防范。而所有企业，无论规模大小，都需要重新审视今天的安全定义。在财富 500 强企业中，超过 50%将会设置首席信息安全官这一职位。企业需要从新的角度来确保自身以及客户数据的安全，所有数据在创建之初便需要获得安全保障，而并非在数据保存的最后一个环节，仅仅加强后者的安全措施已被证明于事无补。

趋势六：数据管理成为核心竞争力

数据管理成为核心竞争力，直接影响财务表现。当"数据资产是企业核心资产"的概念深入人心之后，企业对于数据管理便有了更清晰的界定，将数据管理作为企业核心竞争力，持续发展，战略性规划与运用数据资产，成为企业数据管理的核心。数据资产管理效率与主营业务收入增长率、销售收入增长率显著正相关；此外，对于具有互联网思维的企业而言，数据资产竞争力所占比重为 36.8%，数据资产的管理效果将直接影响企业的财务表现。

趋势七：数据质量是 BI（商业智能）成功的关键

采用自助式商业智能工具进行大数据处理的企业将会脱颖而出。其中要面临的一个挑战是，很多数据源会带来大量低质量数据。想要成功，企业需要理解原始数据与数据分析之间的差距，从而消除低质量数据并通过 BI 获得更佳的决策。

趋势八：数据生态系统复合化程度加强

大数据的世界不只是一个单一的、巨大的计算机网络，而是一个由大量活动构件与多元参与者元素所构成的生态系统，是由终端设备提供商、基础设施提供商、网络服务提供商、网络接入服务提供商、数据服务使能者、数据服务提供商、触点服务、数据服务零售商等一系列参与者共同构建的生态系统。而今，这样一套数据生态系统的基本雏形已然形成，接下来的发展将趋向于系统内部角色的细分，也就是市场的细分；系统机制的调整，也就是商业模式的创新；系统结构的调整，也就是竞争环境的调整，等等，从而使得数据生态系统复合化程度逐渐增强。

（引自百度百科）

7.5 实训

实训：正则表达式

一、实训目的

1. 掌握正则表达式的使用方法。

2．掌握常用的正则表达式处理函数。

二、单元练习

（一）选择题

1．匹配字符串 abc，需要输入的正则表达式为（　　　）。

    A. a.bc   B. abc   C. Abc   D. abc.

2．匹配以 abc 开头的所有字符串，需要输入的正则表达式为（　　　）。

    A. abc.   B. abc\$ C. ^abc   D. abc*

    E. abc.+   F. abc?   G. abc.*

3．如果字符串中有*需要匹配，该输入表达式为（　　　）。

    A. *   B. *   C. *   D. (*)

（二）填空题

运　算　符	描　述
\d	
\D	
\s	
\w	
\W	
xy?	
x|y	
x*	
x+	
abc|def	
已知字符串：abbbc 正则表达式 ab*的结果为	
已知字符串：abbbc 正则表达式 ab*?的结果为	

三、实训任务

任务 1：【正则表达式基本训练】

现需要将字符串 phone="123-456-789"表达为"电话号码：123456789"，打印出所需要的代码。

程序编写于下方

任务 2：【正则表达式提高练习】

写正则表达式匹配一个 http url 请求，该请求以 abc.com 为一级域名，包含多种二级域名，请求以 .js 结尾，并可能包含参数，例如：http://123.abc.com/qwerty.js 或 http://www.abc.com/ asdfgh.js?version=1。

程序编写于下方

任务 3：【利用正则表达式进行敏感词替换】

利用正则表达式对字符串中的敏感词进行替换。要求：根据需要定义一个敏感词库，例如，words=('暴力', '非法', '攻击')。然后用户输入一个字符串，如果该字符串中有 words 中的敏感词汇，将对该字符串进行敏感词汇的替换（用***代替敏感词汇），最后把替换后的字符串打印出来。

程序编写于下方

四、拓展任务

任务：【正则表达式基本训练】

将字符串 S = 'A123B34CD233'中匹配的数字乘以 3，打印出代码。

例如：A369B102CD699。

程序编写于下方

第8章 Python数据挖掘与分析

⊞ **学习任务**

本章将利用 Python 的综合知识进行具体案例的数据挖掘与分析。通过本章的学习，读者应了解 Python 进行数据处理的过程，掌握数据获取与收集的方法，学会数据清洗和整理的方法，了解数据统计方法，最后能够利用可视化工具（matplotlib 库绘图）进行数据的展示，实现数据处理的完整流程。

⊞ **知识点**

➢ 数据的获取与收集
➢ 数据的清洗与整理
➢ 数据统计分析
➢ 数据的可视化展示

8.1 案例

8.1.1 综合案例1：电影数据读取、分析与展示

> **数据分析三部曲：**
>
> （1）数据源读取——通过编程完成对文件 film.csv 中电影信息数据的读取；
>
> （2）数据预处理——对读取的数据进行清洗和整理；
>
> （3）数据可视化展示——利用 Bar 函数编程输出影片的周平均票房（周平均票房指文件中所有涉及城市的周票房总平均），y 轴表示票房收入，单位为万元，x 轴表示电影名称。

1. 源数据解读

提供的源数据在 Film.csv 中存放了电影的名称、导演、主角、类型、票房、评分等信息，数据以";"分隔，示例如下：

电影名称:上映时间:闭映时间:出品公司:导演:主角:影片类型:票房/万:评分:
《熊出没之夺宝熊兵》2014.1.17;2014.2.23;深圳华强数字动漫有限公司;丁亮;熊大，熊二，

其中周票房的说明如下：若某部电影从某月 2 日开始上映，则从当月 2 日到 8 日为其第 1 周票房，9 日至 15 日为其第 2 周票房，不满 1 周按 1 周计算，以此类推。

2. 代码解读与分析

```
1   import pandas as pd
2   import numpy as np
3   import datetime
4   import matplotlib.pyplot as plt
5   # 文件读取
6   df=pd.read_csv('film.csv',delimiter=';',encoding='utf-8',names=[u'电影名称',u'上线时间',u'下线
7   时间',u'公司',u'导演',u'主演',u'类型',u'票房',u'城市'])
8   film=[u'《冲上云霄》',u'《破风》',u'《少年班》',u'《失孤》',u'《万物生长》']    # 影片名
9   dfz=pd.DataFrame(columns=[u'票房'])
10  zong_box=[]
11
12  # 数据清洗
13  for k in range(len(film)):
14      ans0302=df[df[u'电影名称']==film[k]].loc[:,[u'电影名称',u'上线时间',u'下线时间',u'票房
15  ',u'城市']]       # 筛选三部影片数据
16      ans0302 = ans0302.drop_duplicates().reset_index().drop('index', axis=1)   # 去重清洗
17      # 清洗票房列数据，且转为 float 类型
18      ans0302[u'票房'] = ans0302[u'票房'].str.split(u')').str[1].astype(float)
19      # 将时间列转换为时间类型
20      ans0302[u'上线时间'] = pd.to_datetime(ans0302[u'上线时间'])
21      ans0302[u'下线时间'] = pd.to_datetime(ans0302[u'下线时间'])
22      # 上映总天数
23      day = (ans0302[u'下线时间'].max() - ans0302[u'上线时间'].min()).days+1
24      ans0302=ans0302.groupby(u'电影名称').sum()
25      ans0302[u'票房']=ans0302[u'票房']/(day//7+(day%7)) # 算出周平均票房
26      zong_box.append(ans0302.values[0][0])                # 存入总票房
27      dfz=pd.concat([dfz,ans0302])
28  dfz.columns=['film']  # 改列名
29  dfz=dfz.sort_values(by = 'film',axis = 0,ascending = True)     # 升序排序
30
31  # 分析展示
32  dfz.plot(kind='bar')
33  plt.xticks(rotation=7)   # 旋转 x 轴文字
34  plt.show()
35
```

3. 运行结果

利用 Bar 函数编程输出影片《冲上云霄》、《破风》、《少年班》、《失孤》与《万物生长》的周平均票房，如图 8-1 所示。

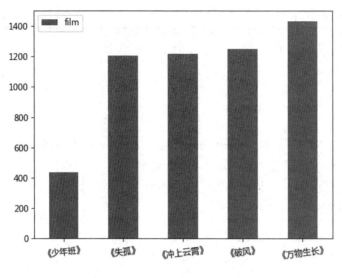

图 8-1 影片的周平均票房

8.1.2 综合案例 2：电影数据分析与预测

> 根据现有数据，编写分析报告，分析电影市场情况并预测"××影业"计划投拍的电影《被盗走的青春》的评分。
>
> 选取需要的数据文件，依据观影俱乐部的观众评分，利用统计图表分析说明影片类型、导演等因素对观众的影响，以及导演擅长的电影类型，最后预测对于《被盗走的青春》一片的评分范围。

1. 数据背景

近年来，得益于国民经济的持续快速增长以及国家对于文化产业的支持，整个电影文化与产业环境持续改善。作为文化娱乐市场重要组成部分的电影市场已连续多年实现电影票房的快速增长，同时，吸引了各类社会资本（国有、民营、外资）积极进军电影业，从而进一步推动了电影业的良性快速发展。

投拍一部电影，需要进行调查分析，深入了解电影市场的情况，才能提高票房收入，降低投资风险。为更好地分析电影总体发展状态及投资的可行性，需要对原电影数据进行采集、清洗、处理、分析和预测。良好的分析和预测方法可以帮助投资者分析和投资电影，以期获得更高的收益。

一般来说，从市场上可获取的有价值的电影数据主要包括：电影名称、电影投映时段、导演、电影分类、电影评分数据及票房数据等。

本次分析主要针对不同类型观众对电影不同类型、不同导演、不同演员的偏好等进行分析，出具分析报告，最后根据观众的历史偏好对《被盗走的青春》进行投资预测。

2. 源数据解读

提供的源数据在 Film.csv 中存放了电影的名称、导演、主角、类型、票房、评分等信息。

我们可以分析不同类型电影的评分、票房等情况，也可以分析不同导演、主演的评分、票房情况，还可以分析每个会员对不同类型电影的打分情况与喜爱程度。

3. 数据预处理

为更好地对数据进行分析，需要对源数据进行预处理。

（1）导入文件数据，导入代码如下：

　　df= pd.read_csv('**film-csv.txt**', delimiter='**;**')

（2）进行数据清洗。

对数据中的空数据进行清理，使用以下语句：

　　df =df.dropna()

对数据中的重复数据进行清理，使用以下语句：

　　df=df.drop_duplicates()

对数据中的不规则数据进行整理，去除导演、类型中的特殊字符及空格等。

（3）进行数据预处理。

① 当一部电影为多个导演的影片时，可切成单个导演。

例如，将

电影名称	导演
《恶棍天使》	邓超、俞白眉

切为两条记录：

电影名称	导演
《恶棍天使》	邓超

、

电影名称	导演
《恶棍天使》	俞白眉

② 当一部电影为多个类型的影片时，切成单个类型。

例如，将

电影名称	影片类型
《恶棍天使》	喜剧/荒诞/爱情

切为三条记录：

电影名称	影片类型
《恶棍天使》	荒诞

、

电影名称	影片类型
《恶棍天使》	喜剧

、

电影名称	影片类型
《恶棍天使》	爱情

4. 电影数据统计与分析

（1）求出所得数据中所有评分的最高值、最低值、中位数、平均值，结果如下：

评分最高值	评分最低值	评分中位数	评分均值
9.2	2.4	5.6	5.56

数据表明，整体评分均值较低，电影还有很大的进步空间。

（2）按类型对票房数据进行分组统计，代码如下：

　　lx_c = lx_c.groupby(lx_c['**type**']).sum()

数据部分统计结果如图 8-2 所示。

```
          type        bor
          动作      1716353.2
          冒险      1077360.6
          喜剧      1025257.3
          科幻       771990.6
          爱情       713602.2
          剧情       447341.8
          动画       378995.1
          奇幻       246997.8
          青春       155068.3
          惊悚       153088.9
```

图 8-2　数据部分统计结果（按类型）

其中 bor 代表票房总额（万元），type 表示类型。

类型总数：42 类。总票房：7935368.70 万元。平均票房：188937.35 万元。

数据表明：动作、冒险、喜剧类的电影票房最高，最受观众欢迎。××类型的电影评分最低，需要大幅改进。

（3）按导演对票房数据进行分组统计，代码如下：

dr_f=dr_f.groupby(dr_f['**dire**']).sum()

数据部分统计结果如图 8-3 所示。

```
          dire          bor
          周星驰       339212.8
          李仁港       174871.6
          杰拉德·布什    153033.6
          里奇·摩尔     153033.6
          拜恩·霍华德    153033.6
          邓肯·琼斯     147214.9
          乔·罗素      124626.6
          安东尼·罗素    124626.6
          郑保瑞       120101.7
          刘伟强       111818.8
```

图 8-3　数据部分统计结果（按导演）

其中 bor 代表票房总额（万元），dire 表示导演姓名。

导演总数：105 位。总票房：3665802.10 万元。平均票房：34912.40 万元。

数据表明：周星驰、李仁港等导演的电影票房最高，最受观众欢迎。

（4）按导演对其指导过的类型数量进行统计，代码如下：

newdt_f=newdt_f.groupby(newdt_f['**dire**']).count()

数据部分统计结果如图 8-4 所示。

dire	type
李仁港	7
吕寅荣	5
叶伟信	5
亚历山德罗·卡罗尼	5
S·S·拉贾穆里	4
孙皓	4
戴夫·格林	4
刘镇伟	4
孙周	4
林永长	4

图 8-4　数据部分统计结果（按导演指导的类型）

其中 type 代表指导过的电影类型数，dire 表示导演姓名。

导演总数：105 位。总类型频次：282 类。平均导演种类：2 类。

数据表明：李仁港导演的电影兴趣最广泛，拍摄过的电影类型高达 7 类。

（5）按类型对拍摄过的导演数量进行统计，代码如下：

```
newdt_f=newdt_f.groupby(newdt_f['type']).count()
```

其中 dire 代表电影类型被拍摄过的次数，type 表示电影类型。

数据表明：××类型的电影最受导演欢迎，被××位导演拍摄过。

5. 数据可视化展示与分析

用表格显示的数据并不是那么直观，一个使用正确的图表可以形象直观地表达数据。柱状图是一种以长方形的长度为变量的表达图形的统计报告图，由一系列高度不等的纵向条纹表示数据分布的情况，用来比较两个或以上的价值，因此非常适用于显示不同数据之间的差距。为表现不同类型、不同导演、不同电影票房收入的趋势，柱状图是最好的选择。

图 8-5 为不同类型影片的票房总收入，不难看出，动作片是排名第一的电影类型，排名第二、三位的是冒险片和喜剧片，爱情片排到了第五位，而青春片排在了第八位。因此，××影业计划投拍的《被盗走的青春》可以尽量不往青春片方面拍，而是可以以动作与冒险为主，迎合大众的口味，提高票房。

图 8-6 为不同导演的票房总收入，由图可以看出周星驰导演的票房收入最高，为第二位导演的两倍，可见该导演的吸金能力很强。所以，××影业计划投拍的《被盗走的青春》可以尝试请周星驰导演来拍，相比之下可能会有较好的票房收入。

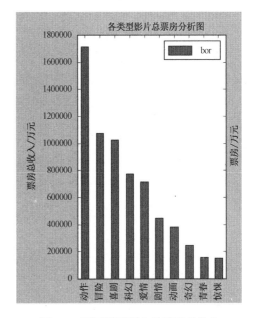

图 8-5　不同类型影片的票房总收入

图 8-7 为不同导演指导过的影片类型总数，可以看出，李仁港导演的兴趣最广泛，其他大部分导演都在 3 种类型影片以上。

图 8-6　不同导演的票房总收入

图 8-7　不同导演指导过的影片类型总数

6. 数据预测

根据需要，对将要拍摄的《被盗走的青春》的评分进行预测。依据原有对电影的评分进行预测，评测《被盗走的青春》的将来评分。

（1）电影类型定位。

根据拍摄主题，将《被盗走的青春》定位为校园、青春、剧情类型影片。

（2）获取这三种类型的评分信息及总体评分情况。

我们通过评分最高值、评分最低值、评分中位数、评分均值进行分析，如下所示：

类　　型	评分最高值	评分最低值	评分中位数	评 分 均 值
所有	9.8	3.0	5.95	6.28
校园	9.3	3.7	7.1	6.9
青春	9.1	3.7	7.1	6.8
剧情	9.5	3.1	7.2	6.7

××影业计划投拍的电影《被盗走的青春》估计类型可能为校园、青春、剧情中的一种，所以我们求出了这些类型的评分情况。根据表格可以得知：

如果拍成校园类电影，评分可能在 3.7～9.3 之间，评分均值为 6.9；

如果拍成青春类电影，评分可能在 3.7～9.1 之间，评分均值为 6.8；

如果拍成剧情类电影，评分可能在 3.1～9.5 之间，评分均值为 6.7。

当然如果是动作片会更好，迎合观众口味，总票房收入高。

8.2　知识梳理

8.2.1　数据获取和收集

数据获取与收集是进行数据挖掘的第一步，比如从网页中抓取数据，输出网页的源代码，得到源代码之后，再提取想要的链接、图片地址、文本等信息。数据获取与收集的方法有很多，下面介绍两类比较常见的方法。

1.　从文件中导入数据

（1）read_csv

使用 pandas 的 read_csv 方法，读取 csv 文件，参数是文件的路径：

pandas.read_csv(filepath_or_buffer, delimiter=None, names=None)

参数说明见表 8-1。

表 8-1　read_csv 的参数说明

参　　数	描　　述
filepath_or_buffer	文件路径
delimiter	分隔符
names	列名

【例 8-1】从 csv 数据源获取数据

```
1    import numpy as np
2    import pandas as pd
3    data2=pd.read_csv('20161009.csv',delimiter=';')
```

（2）read_excel

读取 Excel 主要通过 read_excel 函数实现，除了 pandas 还需要安装第三方库 xlrd。

该函数主要的参数为 io、sheetname、header、names、encoding，见表 8-2。

表 8-2　read_excel 的参数说明

参　　数	描　　述
io	Excel 文件，可以是文件路径、文件网址、file-like 对象、xlrd workbook
sheetname	返回指定的 Sheet，参数可以是字符串（Sheet 名）、整型（Sheet 索引）、list（元素为字符串和整型，返回字典{'key':'sheet'}）、none（返回字典，全部 Sheet）
header	指定数据表的表头，参数可以是 int、list of ints
names	返回指定 name 的列，参数为 array-like 对象
encoding	关键字参数，指定以何种编码读取

该函数返回 pandas 中的 DataFrame 或 dict of DataFrame 对象，利用 DataFrame 的相关操作即可读取相应的数据。（DataFrame 的具体操作请参考相关的资料，自行学习）

【例 8-2】从 Excel 数据源获取数据

```
1   import pandas as pd
2   import numpy as np
3   data1=pd.read_excel("filename.xlsx")              # 使用 pandas 读取 Excel
```

2. 从网页中抓取数据

urlib 库是使用各种协议完成打开 url 的一个扩展包。

（1）urlopen

最简单的使用方式是调用 urlopen，方法：

urllib. request .urlopen(url[,data][,timeout])

【例 8-3】从网页数据源获取数据

```
1   import urllib.request
2   content_stream = urllib.request.urlopen('http://www.baidu.com')
3   data2 = content_stream.read().decode()
4   print(data2)
```

运行结果将打印出整个网页内容。

（2）Request

HTTP 是基于请求和应答机制的——客户端提出请求，服务器提供应答。urllib 用一个 Request 对象来映射用户提出的 HTTP 请求：

urllib.request.Request(url[,data][, headers][, origin_req_host][, unverifiable])

默认的 urllib 把自己作为 "Python-urllib/x.y"（x 和 y 是 Python 的主版本和次版本号，如 Pythonurllib/3.6），这个身份可能会被服务器（403 Forbidden）拒绝访问。浏览器确认自己身份是通过 User-Agent 头部信息，利用代码 headers={'User-Agent'："Magic Browser"}把自身模拟成浏览器。

【例 8-4】从网页数据源获取数据

```
1   import urllib.request
2   url = 'http://www.baidu.com'
3   rqt = urllib.request.Request(url, headers={'User-Agent':"Magic Browser"})
4   webpage= urllib.request.urlopen(url)
5   data3 = webpage.read().decode()
6   print(data3)
```

8.2.2 数据清洗和整理

数据清洗和整理过程根据具体的数据情况进行，可能会涉及很多操作，包括整理、去空、去重、合并、选取、数据准备等。下面罗列一些常用的功能操作。

1. dropna：去掉 NAN 数据

dropna(axis=1,how='all')

axis=1 表示按列删除，默认为 axis=0，即按行删除。通常情况下删除行，使用参数 axis = 0，删除列的参数为 axis = 1，但一般不会这么做，因为那样会删除一个变量。

【例 8-5】模拟缺失数据，dropna 返回一个包含非空数据和索引值的 Series

```
1   import pandas as pd
2   from numpy import nan as NA
3   from pandas import Series,DataFrame
4   data = Series([1,2,NA,4,5])
5   print(data)
6   print('------------')
7   print(data.dropna())
```

以上实例输出结果如下：

```
0    1.0
1    2.0
2    NaN
3    4.0
4    5.0
dtype: float64
------------
0    1.0
1    2.0
3    4.0
4    5.0
```

对于 DataFrame，dropna()函数同样会丢掉所有含有空元素的数据。

【例 8-6】DataFrame 中使用 dropna()

```
1   import pandas as pd
2   from numpy import nan as NA
3   from pandas import Series,DataFrame
4   data = pd.DataFrame({
5       'a': [1, 2, 3, 4],
6       'b': [5, NA, 7, 8],
7       'c': [9, 10, NA, 12],
8       'd': [NA, NA, NA, NA]
```

9	})
10	print(data)
11	print('------------')
12	print(data.dropna())
13	print('------------')
14	print(data.dropna(how='all'))
15	print('------------')
16	print(data.dropna(axis=1))

以上实例输出结果如下:

```
    a    b     c    d
0   1   5.0   9.0  NaN
1   2   NaN  10.0  NaN
2   3   7.0   NaN  NaN
3   4   8.0  12.0  NaN
------------
Empty DataFrame
Columns: [a, b, c, d]
Index: []
------------
    a    b     c    d
0   1   5.0   9.0  NaN
1   2   NaN  10.0  NaN
2   3   7.0   NaN  NaN
3   4   8.0  12.0  NaN
------------
    a
0   1
1   2
2   3
3   4
```

2. drop:删除列

drop()删除 Series 的元素或 DataFrame 的某一行(列),其返回的是一个新对象,原对象不会被改变。

【例 8-7】删除 Series 的一个元素

1	import pandas as pd

```
2    from numpy import nan as NA
3    from pandas import Series,DataFrame
4    data1 = Series([4.5,7.2,-5.3,3.6], index=['a','b','a','c'])
5    print(data1)
6    print('------------------')
7    print(data1.drop('c'))
```

以上实例输出结果如下：

```
a    4.5
b    7.2
a    -5.3
c    3.6
dtype: float64
------------------
a    4.5
b    7.2
a    -5.3
dtype: float64
```

【例 8-8】删除 DataFrame 的行或列

```
1     import pandas as pd
2     import numpy as np
3     from numpy import nan as NA
4     from pandas import Series,DataFrame
5     data2 = DataFrame(np.arange(9).reshape(3, 3), index=['a', 'b', 'c'], columns=['列 1', '列 2', '列 3'])
6     print(data2)
7     print('------------------')
8     print(data2.drop('c'))
9     print('------------------')
10    print(data2.drop(['列 1','列 3'],axis=1))
```

以上实例输出结果如下：

```
    列 1  列 2  列 3
a   0    1    2
b   3    4    5
c   6    7    8
------------------
    列 1  列 2  列 3
```

```
a   0   1   2
b   3   4   5
-----------------
    列2
a   1
b   4
c   7
```

3. df.fillna()：填充，inplace，不产生副本

当数据中存在 NA 缺失值时，我们可以用其他数值替代 NA，DataFrame.fillna()方法提供了填充缺失值的功能。

【例 8-9】填充缺失值

```
1    import pandas as pd
2    from numpy import nan as NA
3    from pandas import Series,DataFrame
4    data = pd.DataFrame({
5        'a': [1, 2, 3, 4],
6        'b': [5, NA, 7, 8],
7        'c': [9, 10, NA, 12],
8        'd': [NA, NA, NA, NA]
9    })
10   print(data)
11   print('------------')
12   print(data.fillna(0))
```

以上实例输出结果如下：

```
   a   b     c     d
0  1   5.0   9.0   NaN
1  2   NaN   10.0  NaN
2  3   7.0   NaN   NaN
3  4   8.0   12.0  NaN
------------
   a   b     c     d
0  1   5.0   9.0   0.0
1  2   0.0   10.0  0.0
2  3   7.0   0.0   0.0
3  4   8.0   12.0  0.0
```

4. isnull()、notnull()：测试空（not null）值，返回 True、False

数据不完整在数据分析的过程中很常见。pandas 使用浮点值 NaN 表示浮点和非浮点数组里的缺失数据。pandas 使用 isnull() 和 notnull() 函数来判断缺失情况。

【例 8-10】判断缺失情况

```
1   import pandas as pd
2   from numpy import nan as NA
3   from pandas import Series,DataFrame
4   data = Series([1,2,NA,4,5])
5   print(data)
6   print('------------')
7   print(data.isnull())
8   print('------------')
9   print(data[data.notnull()])
```

以上实例输出结果如下：

```
0      1.0
1      2.0
2      NaN
3      4.0
4      5.0
dtype: float64
------------
0      False
1      False
2       True
3      False
4      False
dtype: bool
------------
0      1.0
1      2.0
3      4.0
4      5.0
dtype: float64
```

5. duplicated()：标记重复记录，返回 True、False

Pandas 提供了 duplicated、Index.duplicated、drop_duplicates 函数来标记和删除重复记录。

duplicated 函数用于标记 Series 中的值、DataFrame 中的记录行是否重复，重复为 True，不重复为 False。

pandas.DataFrame.duplicated(self, subset=None, keep='first')

pandas.Series.duplicated(self, keep='first')

其参数说明见表 8-3。

表 8-3　duplicated 函数参数说明

参　　数	描　　述
subset	用于识别重复的列标签或列标签序列，默认为所有列标签
keep	keep='frist'：除了第一次出现外，其余相同的被标记为重复
	keep='last'：除了最后一次出现外，其余相同的被标记为重复
	keep=False：所有相同的都被标记为重复

【例 8-11】标记重复记录

```
1   from numpy import nan as NA
2   from pandas import Series,DataFrame
3   s = pd.Series(['one', 'one', 'two', 'two', 'four', 'three', 'two'] ,index= ['a', 'a', 'b', 'c', 'b',
4   'a','c'],name='sname')
5   print(s)
6   print('------------')
7   print(s.duplicated())
8   print('------------')
9   print(s.duplicated('last'))
10  print('------------')
11  print(s.duplicated(False))
```

以上实例输出结果如下：

```
a       one
a       one
b       two
c       two
b       four
a       three
c       two
Name: sname, dtype: object
------------
a       False
a       True
b       False
```

c	True
b	False
a	False
c	True

Name: sname, dtype: bool

----

a	True
a	False
b	True
c	True
b	False
a	False
c	False

Name: sname, dtype: bool

----

a	True
a	True
b	True
c	True
b	False
a	False
c	True

Name: sname, dtype: bool

6. drop_duplicates ()：删除重复记录

drop_duplicates 函数用于删除 Series、DataFrame 中的重复记录，并返回删除重复记录后的结果。

pandas.DataFrame.drop_duplicates(self, subset=None, keep='first', inplace=False)

pandas.Series.drop_duplicates(self, keep='first', inplace=False)

【例 8-12】删除重复记录

```
1   import pandas as pd
2   from numpy import nan as NA
3   from pandas import Series,DataFrame
4   s = pd.Series(['one', 'one', 'two', 'two', 'four', 'three', 'two'] ,index= ['a', 'a', 'b', 'c', 'b',
5   'a','c'],name='sname')
6   print(s)
7   print('------------')
8   print(s.drop_duplicates())
```

9	print('------------')
10	# inplace=True 表示在原对象上执行删除操作
11	print(s.drop_duplicates(keep='last',inplace=True))
12	print('------------')
13	print(s)

以上实例输出结果如下：

```
a       one
a       one
b       two
c       two
b       four
a       three
c       two
Name: sname, dtype: object
------------
a       one
b       two
b       four
a       three
Name: sname, dtype: object
------------
None
------------
a       one
b       four
a       three
c       two
Name: sname, dtype: object
```

7. 区域选择

loc：通过行标签索引行数据，具体用法见表 8-4。

表 8-4   loc 用法

loc 用法	描　　述
loc[1]	索引的是第 1 行（如果 index 是整数）
loc['d']	索引的是第 "d" 行（如果 index 是字符）
loc[1:5,]	索引的是 1～5 行全部列
loc[:,['x', 'y']]	索引的是所有行的 x，y 两列

iloc：通过行号获取行数据，具体用法见表 8-5。

表 8-5　iloc 用法

iloc 用法	描　　述
iloc[1]	索引的是第 1 列（如果 index 是整数）
iloc['d']	索引的是第"d"列（如果 index 是字符）
iloc[1:5,[x,y]]	索引的是 1～5 行的 x，y 两列

【例 8-13】区域选择

```
1   import pandas as pd
2   data = [[1,2,3],[4,5,6],[7,8,9]]
3   index = [1,2,3]
4   columns=['a','b','c']
5   df = pd.DataFrame(data=data, index=index, columns=columns)
6   print(df)
7   print('------------')
8   print(df.loc[1:2])                  # 第 1、2 行所有列
9   print('------------')
10  print(df.loc[1:])                   # 从第 1 行开始到最后的所有列
11  print('------------')
12  print(df.loc[:,['a','c']])          # a，c 两列
13  print('------------')
14  print(df.iloc[0])                   # 从第 1 行
15  print('------------')
16  print(df.iloc[:,[1,2]])             # 第 1,2 列
```

8. 数据合并

pandas 数据合并有三种方式。

（1）merge()方法。

merge()类似于数据库风格的合并，合并的方式有内连接、左连接、右连接，其操作的对象是 DataFrame。

pd.merge(df1,df2,on="key", how="left or right")

DataFrame 还有一个 join()方法可以以索引作为连接键。

【例 8-14】merge()方法应用

```
1   import numpy as np
2   import pandas as pd
3   from pandas import DataFrame
```

4	df1 = DataFrame({'key': ['a', 'a', 'b', 'c', 'b', 'd', 'd'],
5	'data1': range(7)})
6	df2 = DataFrame({ 'key': ['a', 'b', 'd'],
7	'data2': range(3),
8	'data3':range(3,6)})
9	mdf=pd.merge(df1, df2)
10	print(mdf)

以上实例输出结果如下：

	data1	key	data2	data3
0	0	a	0	3
1	1	a	0	3
2	2	b	1	4
3	4	b	1	4
4	5	d	2	5
5	6	d	2	5

（2）concat()方法。

concat()是一种轴向连接，即沿着一条轴将多个对象堆叠到一起，其操作的对象是Series。默认情况下，concat 在纵轴(axis=0)上连接，产生一个新的 Series。

pd.concat(s1,s2,axis=1)

【例 8-15】concat ()方法应用

1	import numpy as np
2	import pandas as pd
3	from pandas import Series, DataFrame
4	s1 = Series([1, 2], index=['a', 'b'])
5	s2 = Series([3, 4, 5], index=['c', 'd', 'e'])
6	s3 = Series([6, 7], index=['f', 'g'])
7	ss=pd.concat([s1, s2, s3])
8	st=pd.concat([s1,s2,s3],axis=1)
9	print(ss)
10	print('-----------')
11	print(st)

以上实例输出结果如下：

a	1
b	2

```
c    3
d    4
e    5
f    6
g    7
dtype: int64
-----------
     0     1     2
a   1.0   NaN   NaN
b   2.0   NaN   NaN
c   NaN   3.0   NaN
d   NaN   4.0   NaN
e   NaN   5.0   NaN
f   NaN   NaN   6.0
g   NaN   NaN   7.0
```

（3）combine_first()方法。

combine_first()以实例方法合并重叠的数据。

s1.combine_first(s2)

【例 8-16】combine_first()方法应用

```
1   import numpy as np
2   import pandas as pd
3   from pandas import Series, DataFrame
4   s1 = Series([1, 2], index=['a', 'b'])
5   s2 = Series([3, 4, 5], index=['c', 'd', 'e'])
6   print(s1)
7   print('-----------')
8   print(s2)
9   ss= s1.combine_first(s2)
10  print('-----------')
11  print(ss)
12  print('-----------')
```

以上实例输出结果如下：

```
a    1
b    2
dtype: int64
-----------
```

```
c       3
d       4
e       5
dtype: int64
-----------
a       1.0
b       2.0
c       3.0
d       4.0
e       5.0
dtype: float64
```

9. 其他

pandas 的功能相当强大，还支持很多其他的功能，由于篇幅的原因，这里不再赘述。若感兴趣，可以参见 pandas 相关手册。

8.2.3 数据统计分析

接下来，介绍几种在数据统计分析中常用的方法。

1. 标准统计函数

pandas 支持的标准统计函数有很多，包括 sum（和）、median（中位数）、var（方差）、std（标准差）、mean（平均数）、quantile（分位数）、min（最小）、max（最大）、describe（列数据简报）、count（非空计数）、pct_change（百分数变化）等。这里只列举几个，其余写法基本相似。

【例 8-17】求均值 mean()方法应用

```
1   import numpy as np
2   import pandas as pd
3
4   df=pd.DataFrame(data=[[2.5,np.nan],[3.8,-4.4],[np.nan,np.nan],[0.25,-1.5]],
5                       index=["a","b","c","d"],
6                       columns=["one","two"])
7   print('------df-------')
8   print(df)
9
10  # 直接使用 mean()方法，自动跳过 NaN 值
11  print('------df.mean()-------')
12  print(df.mean())
13
14  # 按行求平均数
```

15	print('------df.mean(axis=1)-------')
16	print(df.mean(axis=1))
17	
18	# skipna=False 不跳过 NaN 值
19	print('------df.mean(axis=1,skipna=False):-------')
20	print(df.mean(axis=1,skipna=False))

以上实例输出结果如下：

```
------df-------
      one   two
a   2.50   NaN
b   3.80  -4.4
c    NaN   NaN
d   0.25  -1.5
------df.mean()-------
one     2.183333
two    -2.950000
dtype: float64
------df.mean(axis=1)-------
a      2.500
b     -0.300
c        NaN
d     -0.625
dtype: float64
------df.mean(axis=1,skipna=False):-------
a        NaN
b     -0.300
c        NaN
d     -0.625
dtype: float64
```

2. 数据分组

pandas 提供了一个灵活高效的 groupby 功能，它可以对数据集进行切片、切块、摘要等操作。

【例 8-18】groupby 操作

| 1 | import numpy as np |
| 2 | import pandas as pd |

```
3
4    df=pd.DataFrame(data=[[2.5,5],[1,-4.4],[2,10],[1,-1.5]],
5                        columns=["one","two"])
6    print('------df-------')
7    print(df)
8    print('------groupby-------')
9    grouped = df['two'].groupby(df['one'])
10   print(grouped.sum())
```

以上实例输出结果如下：

```
------df-------
    one   two
0   2.5   5.0
1   1.0   -4.4
2   2.0   10.0
3   1.0   -1.5
------groupby-------
one
1.0     -5.9
2.0     10.0
2.5     5.0
Name: two, dtype: float64
```

上例中，变量 grouped 是一个 groupby 对象，它实际上还没有进行任何计算，只是含有一些有关分组键 df['key1']的中间数据而已，然后我们可以调用 groupby 的 sum 方法来计算分组求和。

3. 筛选和排序

在数据分析统计中经常会对数据表中的数据使用指定的条件进行筛选和计算。在 pandas 中通过 sort 和 loc 函数也可以实现筛选和排序。sort 函数可以实现对数据表的排序操作，loc 函数可以实现对数据表的筛选操作。loc 函数在 8.2.2 节中已经进行相应的介绍。

【例 8-19】排序操作

```
1    import numpy as np
2    import pandas as pd
3    df=pd.DataFrame(data=[[2.5,5],[1,-4.4],[2,10],[1,-1.5]],
4                        columns=["one","two"])
5    # 前两行
6    print(df.head(2))
7    # df 按索引升序排序，默认即是升序
```

```
8   print(df.sort_index())
9   # df 按索引降序排序
10  print(df.sort_index(ascending=False))
11  # 第一行按升序排序，默认即是升序
12  print(df.sort_index(axis=1))
13  # 第一行按降序排序
14  print(df.sort_index(axis=1, ascending=False))
15  # 以 one 这一列的值进行排序，默认从小到大
16  print(df.sort_values(by='one'))
17  # 以 one 这一列的值进行排序，从大到小
18  print(df.sort_values(by='one', ascending=False))
```

8.2.4 数据可视化

matplotlib 是一个 Python 下的二维图库，尽管它的起源是仿 MATLAB 的图形命令，但是它与 MATLAB 不相关，并且是以对象方式运行于 Python 环境下的。

matplotlib 的设计哲学是：你可以只用一点点甚至一行命令行来创建一个简单的平面图。假如你想看数据表示的柱状图，也不需要进行如下繁杂的步骤：初始化对象、调用方法、设置属性等。其画图质量高，提供方便快捷的绘图模块，所以它是非常简单易用的数据可视化工具。

使用 matplotlib 库绘图，原理很简单，只有下面这 5 个步骤。

步骤 1：创建一个图纸（figure）。

步骤 2：在图纸上创建一个或多个绘图（plotting）区域（也叫子图、坐标系/轴、axes）。

步骤 3：在 plotting 区域描绘点、线等各种 marker。

步骤 4：为 plotting 添加修饰标签（绘图线上的或坐标轴上的）。

步骤 5：根据需要可以进行自定义。

【例 8-20】matplotlib 绘图

```
1   import numpy as np
2   import matplotlib.pyplot as plt
3   ls_x=[0,1,2,3,4,5,6,7]
4   ls_y=[1,2,9,5,6,8,10,1]
5   plt.plot(ls_x,ls_y)
6   plt.show()
```

以上实例输出结果如图 8-8 所示。

图 8-8　matplotlib 绘图（折线图）

【例 8-21】matplotlib 绘图

```
1    import numpy as np
2    import matplotlib.pyplot as plt
3    t=np.arange(0,5,0.1)
4    plt.plot(t,t,t,t+3,t,t**2)
5    plt.show()
```

以上实例输出结果如图 8-9 所示。

图 8-9　matplotlib 绘图模拟曲线图（多曲线）

【例 8-22】matplotlib 绘图

```
1    import numpy as np
2    import matplotlib
3    import matplotlib.pyplot as plt
```

```
4   ls_x=[0,1,2,3,4,5,6,7]
5   ls_y=[11,2,11,15,26,8,3,1]
6   plt.plot(ls_x,ls_y)
7   plt.title('title')
8   plt.xlabel('x')
9   plt.ylabel('y')
10  plt.show()
```

以上实例输出结果如图 8-10 所示。

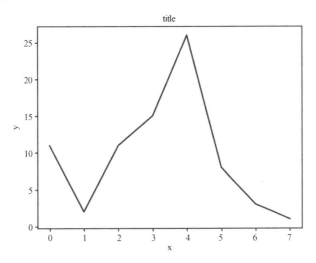

图 8-10　matplotlib 绘图模拟曲线图（单曲线）

matplotlib 绘图还可以设置文字和字体属性、坐标轴和网格属性、子图（axes）子区（subplots）、色彩和样式、线宽、每英寸点数、图像大小等，具有强大的功能。感兴趣的读者可以查阅它的相关手册。

8.3　小结与习题

8.3.1　小结

本章的综合案例 1 根据提供的电影数据，进行读取、分析，最后利用可视化编程输出各影片的周平均票房。综合案例 2 在现有电影数据的基础上，进行数据分析，分析电影市场情况并预测"××影业"计划投拍的电影《被盗走的青春》的评分。

数据分析三要素：首先是数据本身，其次是数据准备工作，即清理与选择能够代表数据特点的具体特征，最后是利用正确的机器学习法，适当描述数据。选择正确的算法是数据分析三要素最重要的一个环节。

通过本章的学习，读者将学会如何对数据进行挖掘和分析。不但学会数据获取和收集的方法，而且学会对数据进行清洗和整理，最后采用数据统计的方法进行分析。同时通过实例的训练，将进一步学会数据分组，以及数据合并、用 matplotlib 绘图对数据做可视化操作等。

8.3.2 习题

1. 简述数据获取和收集的方法。
2. 列举 pandas 支持的标准统计函数。
3. 列举 pandas 数据合并的三种方式。
4. 简述使用 matplotlib 库绘图的步骤。

8.4 课外拓展

区块链是分布式数据存储、点对点传输、共识机制、加密算法等计算机技术的新型应用模式。所谓共识机制是区块链系统中实现不同节点之间建立信任、获取权益的数学算法。

区块链（Blockchain）是比特币的一个重要概念，它本质上是一个去中心化的数据库，同时作为比特币的底层技术。区块链是一串使用密码学方法相关联产生的数据块，每一个数据块中包含了一次比特币网络交易的信息，用于验证其信息的有效性（防伪）和生成下一个区块。

狭义来讲，区块链是一种按照时间顺序将数据区块以顺序相连的方式组合成的一种链式数据结构，并以密码学方式保证的不可篡改和不可伪造的分布式账本。

广义来讲，区块链技术是利用块链式数据结构来验证与存储数据、利用分布式节点共识算法来生成和更新数据、利用密码学的方式保证数据传输和访问的安全、利用由自动化脚本代码组成的智能合约来编程和操作数据的一种全新的分布式基础架构与计算方式。

一般来说，区块链系统由数据层、网络层、共识层、激励层、合约层和应用层组成。其中，数据层封装了底层数据区块以及相关的数据加密和时间戳等基础数据和基本算法；网络层则包括分布式组网机制、数据传播机制和数据验证机制等；共识层主要封装网络节点的各类共识算法；激励层将经济因素集成到区块链技术体系中来，主要包括经济激励的发行机制和分配机制等；合约层主要封装各类脚本、算法和智能合约，是区块链可编程特性的基础；应用层则封装了区块链的各种应用场景和案例。该模型中，基于时间戳的链式区块结构、分布式节点的共识机制、基于共识算力的经济激励和灵活可编程的智能合约是区块链技术最具代表性的创新点。

区块链——原始区块链，是一种去中心化的数据库。它包含一张被称为区块的列表，有着持续增长并且排列整齐的记录。每个区块都包含一个时间戳和一个与前一区块的链接：设计区块链使得数据不可篡改。一旦记录下来，在一个区块中的数据将不可逆。

区块链的设计是一种保护措施，比如（应用于）高容错的分布式计算系统。区块链使混合一致性成为可能。这使区块链适合记录事件、标题、医疗记录和其他需要收录数据的活动、身份识别管理，交易流程管理和出处证明管理。区块链对于金融脱媒有巨大的潜能，对于引导全球贸易有着巨大的影响。

2008 年由中本聪第一次提出了区块链的概念，在随后的几年中，成了电子货币比特币的核心组成部分：作为所有交易的公共账簿。通过利用点对点网络和分布式时间戳服务器，区块链数据库能够进行自主管理。为比特币而发明的区块链使它成为第一个解决重复消费问题的数字货币。比特币的设计已经成为其他应用程序的灵感来源。

1991 年，由 Stuart Haber 和 W. Scott Stornetta 第一次提出关于区块的加密保护链产品，

随后分别由 Ross J. Anderson 与 Bruce Schneier&John Kelsey 在 1996 年和 1998 年发表。与此同时，Nick Szabo 在 1998 年进行了电子货币分散化的机制研究，他称此为比特金。2000 年，Stefan Konst 发表了加密保护链的统一理论，并提出了一整套实施方案。

区块链格式作为一种使数据库安全而不需要行政机构的授信的解决方案首先被应用于比特币。2008 年 10 月，在中本聪的原始论文中，"区块"和"链"这两个字是被分开使用的，而在被广泛使用时被合称为区块–链，到 2016 年才被变成一个词："区块链"。在 2014 年 8 月，比特币的区块链文件大小达到了 20 千兆字节。

到 2014 年，"区块链 2.0"成为一个关于去中心化区块链数据库的术语。对这个第二代可编程区块链，经济学家们认为它的成就是"它是一种编程语言，可以允许用户写出更精密和智能的协议，因此，当利润达到一定程度的时候，就能够从完成的货运订单或者共享证书的分红中获得收益"。区块链 2.0 技术跳过了交易和"价值交换中担任金钱和信息仲裁的中介机构"。它们被用来使人们远离全球化经济，使隐私得到保护，使人们"将掌握的信息兑换成货币"，并且有能力保证知识产权的所有者得到收益。第二代区块链技术使存储个人的"永久数字 ID 和形象"成为可能，并且对"潜在的社会财富分配"不平等提供解决方案。

在 2016 年，俄罗斯联邦中央证券所（NSD）宣布了一个基于区块链技术的试点项目。许多在音乐产业中具有监管权的机构开始利用区块链技术建立测试模型，用来征收版税和世界范围内的版权管理。2016 年 7 月，IBM 在新加坡开设了一个区块链创新研究中心。2016 年 11 月，世界经济论坛的一个工作组举行会议，讨论了关于区块链政府治理模式的发展。Accenture 的一份关于创新理论发展的调查显示，2016 年区块链在经济领域获得的 13.5%使用率，使其达到了早期开发阶段。在 2016 年，行业贸易组织共创了全球区块链论坛，这就是电子商业商会的前身。

该概念在中本聪的白皮书中提出，中本聪创造了第一个区块，即"创世区块"。

区块链的时间戳服务和存在证明，第一个区块链产生的时间和当时正发生的事件被永久性地保留了下来。

比特币公司 BTCC 于 2015 年推出了一项服务"千年之链"即区块链刻字服务，就采用了以上原理。用户可以通过这项服务将文字刻在区块链上，永久保存。

区块链诞生自中本聪的比特币，自 2009 年以来，出现了各种各样的类比特币的数字货币，都是基于公有区块链的。

数字货币的现状是百花齐放，常见的一些有 bitcoin、litecoin、dogecoin、dashcoin。除了货币的应用之外，还有各种衍生应用，如 Ethereum、Asch 等底层应用开发平台以及 NXT、SIA、比特股、MaidSafe、Ripple 等行业应用。

2016 年 1 月 20 日，中国人民银行数字货币研讨会宣布对数字货币研究取得阶段性成果。会议肯定了数字货币在降低传统货币发行等方面的价值，并表示央行正在探索发行数字货币。中国人民银行数字货币研讨会的表达大大增强了数字货币行业的信心。这是继 2013 年 12 月 5 日央行五部委发布关于防范比特币风险的通知之后，第一次对数字货币表示明确的态度。

2016 年 12 月 20 日，数字货币联盟——中国 FinTech 数字货币联盟及 FinTech 研究院正式筹建，火币是联合发起单位之一。

我们可以把区块链的发展类比互联网本身的发展，未来会在 Internet 上形成一个比如叫作 Finance-Internet 的东西，而这个东西就是基于区块链的，它的前驱就是 bitcoin，即传统金融从私有链、行业链出发（局域网），bitcoin 系列从公有链（广域网）出发，都表达了同一种概念——数字资产（DigitalAsset），最终向一个中间平衡点收敛。

区块链的进化方式是：

- 区块链 1.0——数字货币；
- 区块链 2.0——数字资产与智能合约；
- 区块链 3.0——各种行业分布式应用落地。

区块链分为三类，其中联合区块链和私有区块链可以认为是广义的私链。

公有区块链（PublicBlockChains）

公有区块链：是指世界上任何个体或者团体都可以发送交易，且交易能够获得该区块链的有效确认，任何人都可以参与其共识过程。公有区块链是最早的区块链，也是应用最广泛的区块链，各大 bitcoin 系列的虚拟数字货币均基于公有区块链，世界上有且仅有一条该币种对应的区块链。

联合（行业）区块链（ConsortiumBlockChains）

行业区块链：由某个群体内部指定多个预选的节点为记账人，每个块的生成由所有的预选节点共同决定（预选节点参与共识过程），其他接入节点可以参与交易，但不过问记账过程（本质上还是托管记账，只是变成分布式记账，预选节点的多少、如何决定每个块的记账者成为该区块链的主要风险点），其他任何人都可以通过该区块链开放的 API 进行限定查询。

私有区块链（PrivateBlockChains）

私有区块链：仅仅使用区块链的总账技术进行记账，可以是一个公司，也可以是个人，独享该区块链的写入权限，本链与其他的分布式存储方案没有太大区别。保守的巨头（传统金融）都想尝试私有区块链，而公链的应用如 bitcoin 已经工业化，私链的应用产品还在摸索当中。

（引自百度百科）

8.5　实训

实训：数据挖掘与分析

一、实训目的

1. 了解 Python 进行数据处理的过程。
2. 掌握数据获取与收集的方法。
3. 学会数据清洗和整理的方法。
4. 了解数据统计的方法。
5. 能够利用可视化工具进行数据的展示。

二、实训任务

任务 1：【爬取样本网页】

样本文件为 8.1.1 节中的网页样本 moviesample.htm，利用 Python，爬取样本网页中各个电影的票房信息并计算 A 平台的票房平均值。

程序编写于下方

任务 2：【利用 urllib 库获取 yahoo 财经数据】

网址：https://hk.finance.yahoo.com/q/cp?s=%5EIXIC
要求：获取页面中的"代號、名稱、現價"数据。

程序编写于下方

任务 3：【求电影平均评分】

样本文件为 8.1.1 节中的网页样本 moviesample2.htm，内容为观众对电影的评分信息，分析样本文件，完成以下任务：
调用函数获取网页中观众对某部电影的打分数据，并求出平均分。

程序编写于下方

任务 4：【数据清洗】

利用 Python 对数据 log.csv 进行清洗，清理掉所有字段中为空的脏数据，保存在 clean_data.csv 文件中，并统计 clean_data.csv 文件的行数。

程序编写于下方

任务 5：【数据分析与可视化展示】

对数据 log.csv 进行分析，用折线图画出用户 6 月份到 10 月份，每日购买、点击、加入购物车、关注的变化趋势图。

程序编写于下方